焊接机器人操作与编程

主　编　胡新德　刘晓辉
副主编　赵　国　覃世强
参　编　唐　豪　黄丽梅　刘　颖
　　　　蒋召杰　韦真光

机械工业出版社

本书主要介绍了具有代表性、市场占有率较大的三种品牌机器人的操作及编程。本书分为5章，先简单介绍了机器人的基础知识，随后分别列举了ABB、OTC、FANUC三种焊接机器人的操作与编程方法，最后介绍了机器人弧焊系统的配置。

本书可作为技师学院、职业技术学院焊接专业及相关专业的教材，也可供从事机器人编程与操作的人员学习，还可供从事机器人相关工作的工程技术人员阅读参考。

图书在版编目（CIP）数据

焊接机器人操作与编程/胡新德，刘晓辉主编．—北京：机械工业出版社，2020.2（2025.1 重印）

ISBN 978-7-111-64563-4

Ⅰ．①焊…　Ⅱ．①胡…②刘…　Ⅲ．①焊接机器人　Ⅳ．① TP242.2

中国版本图书馆 CIP 数据核字（2020）第 002404 号

机械工业出版社（北京市百万庄大街 22 号　邮政编码 100037）

策划编辑：侯宪国　责任编辑：侯宪国　王　博

责任校对：陈　越　封面设计：马精明

责任印制：常天培

北京机工印刷厂有限公司印刷

2025 年 1 月第 1 版第 6 次印刷

184mm×260mm · 10.25 印张 · 251 千字

标准书号：ISBN 978-7-111-64563-4

定价：39.80 元

电话服务　　　　　　　网络服务

客服电话：010-88361066　机 工 官 网：www.cmpbook.com

　　　　　010-88379833　机 工 官 博：weibo.com/cmp1952

　　　　　010-68326294　金 书 网：www.golden-book.com

封底无防伪标均为盗版　机工教育服务网：www.cmpedu.com

前言 PREFACE

当前，焊接机器人的应用迎来了难得的发展机遇。一方面，劳动力成本不断上升，焊接人才越发紧缺，以机器代替人的工作将是今后发展的趋势；另一方面，我国由制造大国向制造强国迈进，需要不断提高加工水平，提高产品质量，增强企业竞争力。这一切都预示着机器人的应用及发展前景广阔。目前，我国各大企业焊接机器人的应用量逐年上升，而焊接机器人应用人才却十分紧缺，无法满足企业发展的需求。因此，为企业培养急需的焊接机器人应用人才已刻不容缓。

本书正是针对这种需求，在对行业、企业进行调研的基础上，由一批具有丰富教学和实践经验的教师编写而成。本书严格按照行业和职业的需求，根据技术、技能人才的成长规律，以实践能力的培养为重点，遵循"必需与够用"原则，采用理论与实践相结合的模式进行编写，每节的学习目标明确，理论知识简单易懂，操作步骤详细，具有极强的可操作性。同时，现有机器人编程教材大都针对某一种机器人品牌进行介绍，内容较为单一，给教学及学习带来了诸多不便，而本书综合了企业中应用较广的、具有代表性的三种机器人品牌，将编程和操作方法汇集在一起，便于学习者比较、理解、分析和掌握。

本书共分为5章，先简单介绍机器人的基础知识，然后根据机器人品牌分别介绍了ABB机器人、OTC机器人、FANUC机器人的操作与编程，最后介绍了机器人弧焊系统的配置，具有较强的普适性和实用性。本书可作为技师学院、职业技术学院焊接专业及相关专业的教材，也可供从事机器人编程与操作的人员学习，还可供从事机器人相关工作的工程技术人员阅读参考，有很好的适应性。

本书由胡新德、刘晓辉任主编，赵国、覃世强任副主编，参加本书编写的还有唐豪、黄丽梅、刘颖、蒋召杰、韦真光。全书由韦柳毅统稿和主审。

由于编写时间仓促，书中难免有不足之处，敬请广大读者提出宝贵的意见和建议，以便修订时加以完善。

编 者

目录 CONTENTS

绪论

PROJECT 0

学习目标

1. 了解焊接机器人的发展历程、应用状况。
2. 了解焊接机器人发展趋势以及应用的意义。
3. 能说出常用的机器人品牌。

建议学时：1 学时

机器人的英文名称是"Robot"，最早的含义是指像奴隶那样进行劳动的机器。由于受影视宣传和科幻小说的影响，人们往往把机器人想象成外形与人相似的机器和电子装置。但事实并非如此，特别是工业机器人，与人的外形毫无相似之处，因此在工业应用场合，经常被称为"机械手"。有关机器人的定义随着时代发展不断发生着变化，但工业机器人的定义已经被基本确定。根据国家标准，工业机器人被定义为：其操作机是自动控制的，可重复编程、多用途，并可对 3 个以上的轴进行编程。它可以是固定式或移动式，在工业自动化应用中使用。其中，操作机被定义为：是一种机器，其机构通常由一系列互相铰接或相对滑动的构件组成，它通常有几个自由度，用以抓取或移动物体（工具或工件）。总之，可以认为工业机器人是一种拟人手臂、手腕和手的功能的机械电子装置，它可把任一物件或工具按空间位置姿态的要求进行移动，从而完成某一工业生产的作业要求，如：夹持焊枪，对汽车或摩托车车体进行点焊或弧焊；末端安装手钳，给压铸机或成型机上下料或装配机械零部件；末端安装喷枪进行喷涂作业等。

一、焊接机器人技术的发展

自从世界上第一台工业机器人 UNIMATE 于 1959 年在美国诞生以来，机器人的应用和技术发展经历了三个阶段：

第一代是示教再现型机器人，如图 0-1 所示。这类机器人操作简单，不具备对外界信息反馈的能力，难以适应工作环境的变化，在现代化工业生产中的应用受到很大限制。

第二代是具有感知能力的机器人，如图 0-2 所示。这类机器人对外界环境有一定的感知能力，具备如听觉、视觉、触觉等功能，工作时借助传感器获得的信息，灵活调整工作状态，保证在不同环境的情况下完成工作。

第三代是智能型机器人，如图 0-3。这类机器人不但具有感知能力，而且具有独立判断、行动、记忆、推理和决策的能力，能适应外部对象、环境协调地工作，能完成更加复杂的动作，还具备故障自我诊断及修复能力。

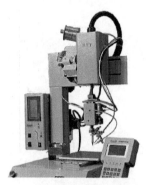

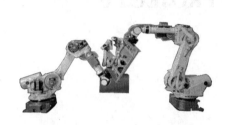

| 图0-1　示教再现型机器人 | 图0-2　具有感知能力的机器人 | 图0-3　智能型机器人 |

我国开发工业机器人晚于美国和日本，起于20世纪70年代，早期是大学和科研院所的自发性研究。而在国外，工业机器人已经属于非常成熟的工业产品，在汽车行业得到了广泛的应用。

焊接机器人是从事焊接工作的工业机器人，其具有焊接质量稳定、改善工人劳动条件、提高劳动效率等特点，广泛应用于汽车、工程机械、通用机械、金属结构和兵器工业等行业。据不完全统计，全世界在役的工业机器人中大约有一半用于各种形式的焊接加工领域。我国焊接机器人的应用主要集中在汽车、摩托车、工程机械、铁路机车等行业。我国汽车生产企业是焊接机器人的最大用户，也是最早的用户。早在20世纪70年代末，上海电焊机厂与上海电动工具研究所合作研制了直角坐标机械手，成功应用于上海牌轿车底盘的焊接。

早期的焊接机器人缺乏"柔性"，焊接路径和焊接参数须根据实际作业条件预先设置，工作时存在明显的缺点。经过十几年的持续努力，在国家的组织和支持下，我国焊接机器人的研究在基础技术、控制技术、关键元器件等方面取得了重大进展，并已进入使用阶段，形成了点焊、弧焊机器人系列产品，能够实现小批量生产。后来，随着计算机控制技术、人工智能技术以及网络控制技术的发展，焊接机器人也由单一的单机示教再现型向以智能化为核心的多传感、智能化的柔性加工单元（系统）方向发展。

二、焊接机器人的应用状况

随着科技的发展，焊接机器人技术也得到了长足发展。目前，我国应用的焊接机器人主要分日系、欧系和国产三大类。日系的焊接机器人主要有安川、OTC、松下、FANUC、不二越、川崎等品牌的产品。欧系的焊接机器人主要有德国的KUKA、CLOOS，瑞典的ABB，意大利的COMAU及奥地利的IGM公司的产品。国产焊接机器人主要是沈阳新松机器人公司、广州数控的产品。

目前，我国的焊接机器人以引进为主，尤其是弧焊机器人，大约占95%，而国产弧焊机器人由于元器件质量及配套技术等诸多因素，一直未能主导国内焊接机器人市场。

三、焊接机器人的发展趋势

我国是全球焊接机器人的第一大市场。以汽车制造业为例，焊接机器人在汽车底盘、座椅骨架、导轨、消声器以及液力变矩器等的焊接，尤其在汽车底盘焊接生产中得到了广泛应用。近年来，焊接机器人在焊缝跟踪、信息传感、离线编程与路径规划、智能控制、仿真技术、焊接工艺方法、遥控焊接技术等方面的研究与应用取得了许多突出的成果。

从工业制造对焊接需求的发展角度来看，焊接机器人系统集成应用市场趋势主要有：

1）中厚板的高效高焊缝性能和薄板高速焊接。

2）大构件机器人自动焊接（如海洋工程和造船行业）。

3）高强钢、超高强钢、复合材料、特种材料的焊接。

4）更加稳定的焊接质量及其焊接监控、检测，焊接参数的记录和再现。

5）多加工工序联动的生产线，使得工业制造更加自动化、智能化、信息化。

焊接机器人系统集成应用技术发展趋势主要有：

1）焊接电源的工艺性能进一步提高，适应性更广，更加数字化、智能化。

2）焊接机器人本体更加智能化。

3）视觉、听觉、触觉、信息采集等各种智能传感技术的开发应用。

4）更强大的自适应软件支持系统。

5）焊接与上下游加工工序的融合和总线控制。

6）焊接信息化及智能化与互联网融合，最终达到无人化智能工厂。

7）虚拟制造和仿真技术的开发应用。

四、焊接机器人的应用意义

焊接机器人之所以能够占据工业机器人总量的 40% 以上，与焊接行业的特殊性有关。焊接作为工业"裁缝"，是工业生产中非常重要的加工手段，焊接质量的好坏对产品质量起决定性的影响。但焊接烟尘、弧光、金属飞溅的存在，使得焊接作业环境非常恶劣，这就需要大量的焊接机器人来替代人工劳动力。归纳起来采用焊接机器人有下列意义：

1）稳定和提高焊接质量，保证其均一性。焊接参数如焊接电流、电压、焊接速度及焊丝伸出长度等对焊接结果起决定作用。采用机器人焊接时，每条焊缝的焊接参数都是恒定的，焊缝质量受人的因素影响较小，降低了对工人操作技术的要求，因此焊接质量是稳定的。人工焊接时，焊接速度、焊丝伸出长度等都是变化的，很难做到质量的均一性。

2）改善了工人的劳动环境。采用机器人焊接，工人只需装卸工件，远离了焊接弧光、烟雾和飞溅等，对于点焊来说，工人不再搬运笨重的手工焊钳，使工人从高强度的体力劳动中解脱出来。

3）提高劳动生产率。机器人不会疲劳，可 24h 连续生产，并且随着高速、高效焊接技术的应用，效率提高更加明显。

4）产品周期明确，容易控制产品产量。机器人的生产节拍是固定的，因此生产计划的执行更加精确。

5）可缩短产品改型换代的周期，减小相应的设备投资。焊接机器人与焊接专机的最大区别就是可以通过修改程序以适应不同工件的生产。

练习与思考

1.根据国家标准，工业机器人的定义是什么？

2.工业机器人的发展经历了哪几个阶段？

3.常用的知名机器人品牌有哪些？

4.今后机器人发展的趋势是怎么样的？

第1章
CHAPTER 1

▶机器人基础知识

第1节 机器人基本概念

学习目标

1. 熟记机器人常用术语。
2. 了解工业机器人的运动控制机构。
3. 了解机器人关节驱动机构。
4. 掌握机器人关节控制原理及插补方式。

建议学时：2 学时

一、机器人常用术语

（1）自由度（Degree of Freedom，DOF） 物体能够相对坐标系进行独立运动的数目称为自由度。自由刚体具有 6 个自由度。自由度通常作为机器人的技术指标，反映机器人的灵活性。焊接机器人一般具有 5~6 个自由度 。

（2）位姿（Pose） 指工具的位置和姿态。

（3）末端操作器（End Effector） 位于机器人腕部末端，直接执行工作要求的装置，如夹持器、焊枪、焊钳等。

（4）载荷（Payload） 指机器人手腕部最大负重，通常情况下弧焊机器人的载荷为 5~20kg，点焊机器人的载荷为 50~200kg。

（5）工作空间（Working Space） 机器人工作时，其腕轴交点能活动的空间范围。

（6）重复位姿精度（Pose Repeatability） 在同一条件下，重复 N 次所测得的位姿一致的程度。

（7）轨迹重复精度（Path Repeatability） 沿同一轨迹跟随 N 次，所测得的轨迹之间的一致程度。

（8）示教再现（playback robot） 通过操作示教器移动机器人焊枪，按照工作顺序确定焊枪姿态并存储焊丝端部轨迹点，通过调用各种命令并设定参数，生成一个机器人焊接作业程序。作业程序（或称任务程序）为一组运动及辅助功能命令，机器人可以重复地顺序执行的一系列焊接作业程序。

二、机器人运动控制

1. 机器人连杆参数及连杆坐标系变换

机器人操作机可看作一个开链式多连杆机构，始端连杆就是机器人的基座，末端连杆与工具相连，相邻连杆之间用关节（轴）连接在一起。

6自由度机器人由6个连杆和6个关节（轴）组成。编号时，基座称为连杆0，不包含在这6个连杆内，连杆1与基座由关节1相连，连杆2通过关节2与连杆1相连，依此类推。机器人手臂关节链如图1-1所示。

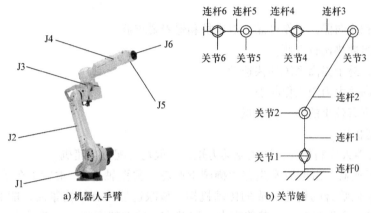

a）机器人手臂   b）关节链

图1-1　机器人手臂关节链

下面通过两个关节轴及连杆示意图，说明连杆参数和动作关系，如图1-2所示。

（1）连杆参数

1）连杆长度 a_{i-1}：连杆两端轴线的距离。

2）连杆扭角 α_{i-1}：连杆两端轴线的夹角，方向为从轴 $_{i-1}$ 到轴 $_{i}$。

（2）连杆连接参数

1）连杆间的距离 d_i：a_i、a_{i-1} 之间的距离。

2）关节角度 θ_i：a_i、a_{i-1} 之间的夹角，方向为从 a_{i-1} 到 a_i。

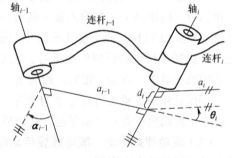

图1-2　关节轴及连杆参数标识示意

2. 机器人运动学

机器人运动学主要包括运动学正问题和运动学逆问题两方面的内容。

（1）运动学正问题　对给定的机器人操作机，已知各关节角矢量，求末端执行器相对于参考坐标系的位姿，称为正向运动学。机器人示教时，机器人控制器逐点进行运动学正解运算。

（2）运动学逆问题　对给定的机器人操作机，已知末端执行器在参考坐标系中的初始位姿和目标（期望）位姿，求各关节角矢量，称为逆向运动学。机器人再现时，机器人控制器逐点进行运动学逆解运算，并将矢量分解到操作机各关节。

三、机器人关节驱动机构

1. 驱动电动机

电动机是机器人驱动系统中的执行元件。机器人常采用的电动机有步进电动机、直流伺服电动机、交流伺服电动机。

（1）步进电动机系统　步进电动机是一种将电脉冲信号转变为角位移或线位移的开环控制精密驱动元件，分为反应式步进电动机、永磁式步进电动机和混合式步进电动机三种。其中，混合式步进电动机的应用最为广泛，是一种精度高、控制简单、成本低廉的驱动方案。

（2）伺服电动机系统　在自动控制系统中，伺服电动机用作执行元件，把收到的电信号转换成电动机轴上的角位移或角速度输出，可分为直流和交流伺服电动机两大类。其特点是当信号电压为零时无自转现象，转速随着转矩的增加而匀速下降。伺服电动机具有以下优点：

1）无电刷和换向器，工作可靠，对维护和保养要求低。

2）定子绕组散热比较方便。

3）惯量小，易于提高系统的快速性。

4）适应于高速大力矩工作状态。

5）同功率下有较小的体积和重量。

2. 关节减速机构

为了提高机器人控制精度，增大驱动力矩，一般均需配置减速机。

（1）谐波减速器　由谐波发生器（椭圆形凸轮及薄壁轴承）、柔轮（在柔性材料上切制齿形）以及与它们啮合的钢轮构成的传动机构。该减速器具有结构紧凑，能实现同轴输出；减速比大；同时啮合齿数多，承载能力大；回差小，传动精度高；运动平稳，传动效率较高等优点。其缺点是扭转刚度不足，谐波发生器自身转动惯量大。

（2）摆线针轮减速机　行星摆线针轮减速机的全部传动装置可分为三部分，即输入部分、减速部分、输出部分。在输入轴上装有一个错位 180° 的双偏心套，在偏心套上装有两个滚柱轴承，形成 H 机构。两个摆线轮的中心孔即为偏心套上转臂轴承的滚道，并由摆线轮与针齿轮上一组环形排列的针齿轮相啮合，以组成少齿差内啮合减速机构（为了减少摩擦，在减速比小的减速机中，针齿上带有针齿套）。

摆线针轮减速机的特点是结构紧凑，能实现同轴输出；减速比大；高刚度，负载能力大；回差小，传动精度高；运动平稳，传动效率较高（可达 70%）；可靠性高，寿命长等。

（3）滚动螺旋传动　滚动螺旋传动能够实现回转运动与直线运动的相互转换，在一些机器人的直线传动中有应用。

3. 关节传动机构

大部分机器人的关节是间接驱动的，通常有下列两种形式。

（1）链条、链带　链条和链带的刚度好，是远程驱动的手段之一，而且能传递较大的力矩。

（2）平行四边形连杆　其特点是能够把驱动器安装在手臂的根部，而且该结构能够使坐标变换运算变得极为简单。

四、机器人位置控制

1. 关节轴控制原理

绝大多数机器人采用关节式运动形式，很难直接检测机器人末端的运动，只能对各关节进行控制，属于半闭环系统，即仅从电动机轴上闭环。关节轴控制原理框图如图1-3所示。

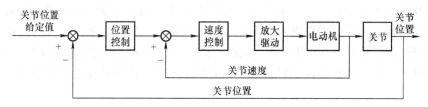

图1-3 关节轴控制原理框图

目前，工业机器人基本操作方式多为示教再现。示教时，不能将轨迹上的所有点都示教一遍，原因一是费时，二是占用大量的存储器。依据机器人运动学理论，机器人手臂关节在空间进行运动规划时，需进行的大量工作是对关节量的插值计算。插补是一种算法，对于有规律的轨迹，仅示教几个特征点。例如，对于直线轨迹，仅示教两个端点（起点、终点）；对于圆弧轨迹，需示教三点（起点、终点、中间点)，轨迹上其他中间点的坐标通过插补方法获得。实际工作中，对于非直线和圆弧的轨迹，可以切分为若干个直线段或圆弧段，以无限逼近的方法实现轨迹示教。多关节轴机器人控制原理框图如图 1-4 所示。

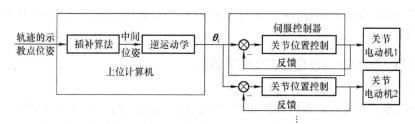

图1-4 多关节轴机器人控制原理框图

2. 插补方式

（1）定时插补 每隔一定时间插补一次，插补时间间隔一般不超过 25ms。

（2）定距插补 每隔一定的距离插补一次,可避免快速运动时,定时插补造成的轨迹失真,但也受伺服周期限制。

3. 插补算法

（1）直线插补 在两示教点之间按照直线规律计算中间点坐标。

（2）圆弧插补 按照圆弧规律计算中间点。

第2节　机器人安全操作

学习目标

1. 了解机器人示教器使用的安全注意事项。

2. 了解机器人安装调试过程的安全注意事项。

3. 了解在手动、自动模式下操作的安全注意事项。

建议学时：1 学时

焊接机器人的运行特性与其他设备不同，它以高能运动掠过比其机座大的空间，其手臂的运动形式和起动很难预料，且可能随生产和环境条件变化而改变。在机器人驱动器通电情况下，维修及编程人员有时需要进入其限定空间，且机器人限定空间之间或与其他相关设备的工作区之间可能相互重叠而产生碰撞、夹挤，或存在由于夹持器松脱而使工件飞出等危险。因此，在对机器人进行维护和操作时，工作人员必须先熟知设备的安全注意事项和安全操作规程。

一、机器人示教器使用的安全注意事项

示教器（FlexPendant）是一种高品质的手持式终端设备，它配备了高灵敏度的电子设备。为避免操作不当引起故障或损害，请在操作时遵循以下几点：

1）小心操作。不要摔打、抛掷或重击示教器，否则会导致破损或故障。在不使用该设备时，将它挂到专门存放它的支架上，以防意外坠地。

2）示教器的电缆在使用和存放时应避免被踩踏。

3）切勿使用锋利的物体（如螺钉旋具或笔尖）操作触摸屏，否则可能会使触摸屏受损。应用手指或触摸笔（位于带有 USB 端口的示教器的背面）操作示教器触摸屏。

4）没有连接 USB 设备的时候务必盖上 USB 端口保护盖。如果端口暴露到灰尘中，会中断或发生故障。

二、机器人安装调试过程的安全注意事项

1. 关闭总电源

在进行机器人的安装、维护和保养时，切记将总电源关闭。带电作业可能会危及人员生命安全。如果不慎遭高压电击，可能会导致心跳停止、烧伤或其他严重伤害。

2. 与机器人保持足够的安全距离

在调试与运行机器人时，它可能会执行一些意外的或不规范的运动，并且所有的运动都会产生很大的力量，从而严重伤害个人或损坏机器人工作范围内的任何设备。因此需时刻警惕并与机器人保持足够的安全距离。

3. 静电放电危险

静电放电（Electro-Static Discharge，ESD）是电势不同的两个物体间的静电传导，可以通过直接接触传导，也可以通过感应电场传导。搬运部件或部件容器时，未接地的人员可能会传导大量的静电荷。这一放电过程可能会损坏敏感的电子设备。因此，在有静电放电危险标志的情况下，要做好静电放电防护。

4. 紧急停止

紧急停止优先于任何其他机器人的控制操作，它会断开机器人电动机的驱动电源，停止所有运转部件，并切断机器人系统控制及存在潜在危险的功能部件的电源。出现下列情况时请立即按下紧急停止按钮：

1）机器人运行中，工作区域内有工作人员。

2）机器人伤害了工作人员或损伤了机器设备。

5. 灭火

发生火灾时，请确保全体人员安全撤离后再进行灭火。应首先处理受伤人员。当电气设备（例如机器人或控制器）起火时，使用二氧化碳灭火器，切勿使用水或泡沫灭火器。

三、机器人工作中的安全条例

机器人运行速度慢，但是动能很大，运动中的停顿或停止都会产生危险。即使可以预测运动轨迹，但外部信号有可能改变操作，会在没有任何警告的情况下产生预想不到的运动。因此，当进入保护空间时，务必遵循以下所有的安全条例：

1）如果在保护空间内有工作人员，请手动操作机器人系统。

2）当进入保护空间时，请准备好示教器，以便随时控制机器人。

3）注意旋转或运动的工具，例如旋转台、丝车转台、翻转手爪。确保在接近机器人之前，这些设备已经停止运动。

4）注意加热棒和机器人系统的高温表面，机器人的电动机长期运行以后温度很高。

5）注意机器人手指并确保夹好丝饼。如果机器人手指打开，丝饼会脱落并导致人眼伤害。机器人手指非常有力，如果不按照正确的方法操作，也会导致人员伤害。

6）注意液压、气压系统及带电部件。即使断电，这些电路上的残余电量也很危险。

四、手动模式下的安全操作

在手动减速模式下，机器人只能减速（250mm/s 或更慢）操作（移动）。只要在安全保护空间之内工作，就应始终以手动速度进行操作。

手动模式下，机器人以程序预设速度移动。手动全速模式仅用于所有人员都位于安全保护空间之外时，而且操作人员必须经过特殊训练，熟知潜在危险。

五、自动模式下的安全操作

自动模式用于在生产中运行机器人程序。该模式下，常规模式停止（General Stop，GS）机制、自动模式停止（Auto Stop，AS）机制和上级停止（Superior Stop，SS）机制都将处于活动状态。其中，GS 机制在任何操作模式下始终有效，AS 机制仅在系统处于自动模式时有效，SS 机制在任何操作模式下始终有效。

1. 安全监控

紧急停止和安全保护装置受到监控，因此控制器可检测到任何故障，并且在问题解决之前机器人将停止操作。

2. 内置安全停止功能

控制器连续监控硬件和软件功能。如果检测到任何问题或错误，机器人将停止操作，直到问题解决。

第3节　弧焊机器人维护及保养

学习目标

1. 了解机器人保养的基本项目及保养周期。

2. 能对机器人本体、控制柜、示教器进行外观保养。

3. 掌握更换机器人润滑油的基本方法。

4. 能更换机器人备用电池。

建议学时：2 学时

设备的维护保养是管、用、养、修等各项工作的基础，也是操作工人的主要责任之一，是保持设备处于完好状态的重要手段，是一项积极的预防工作。做好设备的维护保养工作，及时处理随时发生的各种问题，改善设备的运行条件，就能防患于未然，避免不应有的损失。实践证明，设备的寿命在很大程度上取决于维护保养的程度。因此，操作人员应对机器人各部件进行定期的维护保养，以保证其运行良好。下面以 FANUC 机器人为例来说明。

一、机器人维护保养周期

机器人的保养周期一般有三个月、六个月、一年和三年，保养周期及内容见表 1-1。

表 1-1 FANUC 机器人保养周期及内容

保养周期	检查和保养内容	备注
日常	1. 不正常的噪声和振动，电动机温度	
	2. 周边设备是否可以正常工作	
	3. 每根轴的抱闸是否正常	有些型号机器只有 J2、J3 抱闸
三个月	1. 控制部分的电缆	
	2. 控制器的通风情况	
	3. 连接机械本体的电缆	
	4. 接插件的固定状况是否良好	
	5. 拧紧机器上的盖板和各种附加件	
	6. 清除机器上的灰尘和杂物	
六个月	更换平衡块轴承的润滑油，其他参见三个月保养内容	某些型号机器人不需要，具体见随机的机械保养手册
一年	更换机器人本体上的电池，其他参见六个月保养内容	
三年	更换机器人减速器的润滑油，其他参见一年保养内容	

二、更换机器人备份电池

1. 更换控制器主板上的电池

程序和系统变量存储在主板上的静态随机存储器（SRAM）中，由一节位于主板上的锂电池供电，以保存数据。当这节电池的电压不足时，则会在 TP（Teach Pendant）上显示报警（SYST-035 Low or No Battery Power in PSU）。当电压变得更低时，SRAM 中的内容将不能备份，这时需要更换旧电池，并将原先备份的数据重新加载。因此，平时注意用内存卡（Memory Card）或软盘定期备份数据。控制器主板上的电池两年更换一次。

更换电池具体步骤如下：

1）准备一节新的 3V 锂电池（推荐使用 FANUC 原装电池）。

2）机器人通电开机正常后，等待 30s。

3）机器人关电，打开控制器柜子，拔下接头，取下主板上的旧电池。

4）装上新电池，插好接头。

2. 更换机器人本体上的电池

机器人本体上的电池位置如图 1-5 所示，它用于保证每根轴编码器的数据能够被保存，因此需要

图1-5 机器人本体上的电池位置

每年定期更换。电池电压下降时会报警，此时机器人将不能动作。遇到这种情况时需要更换电池，还需要做 Mastering 零点恢复，然后机器人便能正常运行。

更换电池的具体步骤如下：

1）保持机器人电源开启，按下机器人急停按钮。

2）打开电池盒的盖子，拿出旧电池。

3）换上新电池，注意不要装错正负极。

4）盖好电池盒盖子，拧好螺钉。

注意：请勿在机器人电源关闭状态下打开电池盒的盖子。

三、更换润滑油

机器人每工作三年或工作 10000h，需要更换 J1、J2、J3、J4、J5、J6 轴减速器润滑油和 J4 轴齿轮轴的润滑油。某些型号的机器人每半年或工作 1920h 后还要更换平衡块轴承的润滑油。

更换减速器润滑油和齿轮轴润滑油的具体步骤如下：

1）关闭机器人电源。

2）拔掉机器人进出油口的塞子，如图 1-6 所示。

3）从进油口加入润滑油，直到出油口处有新的润滑油流出时，停止加油。

4）让机器人被加油的轴反复转动，动作一段时间，直到没有油从出油口处流出。

5）把出油口的塞子重新塞好。

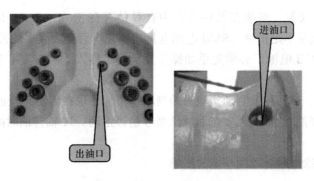

图1-6 机器人进、出油口

注意事项：

错误操作将会导致密封圈损坏。为避免发生错误，操作人员应考虑以下几点注意事项：

1）更换润滑油之前，要将出油口的塞子拔掉。

2）使用手动油枪缓慢加入。

3）避免使用工厂提供的压缩空气作为油枪的动力源，如果非要不可，压力必须控制在 7.35MPa 以内。

4）必须使用规定的润滑油，其他润滑油会损坏减速器。

5）更换完成后，在确认没有润滑油从出油口流出的情况下，才可将出油口塞子塞好。

6）为了防止滑倒事故发生，应将机器人和地板上的油迹彻底清除干净。

四、机器人控制柜保养

1. 机器人备份检查及磁盘空间整理

备份是将机器人的程序、系统参数、系统模块保存下来。备份的资源可以放在机器人存储器里面，也可以放在外界设备上面（PC、U 盘等）。在改动机器人程序，尤其是增加新零件后，都需要在机器人存储器里做备份。长时间断电前，或者程序做了大量改动后，需要在机器人存储器里进行备份，并在外界设备上也做备份。在 256MB 的存储卡上存储不超过 10 个备份，1GB 的存储卡上不超过 40 个。

2. 机器人示教器功能检查

保养时对示教器各个按钮进行功能试验，确保使能、动作、急停都起作用，对触摸屏进行功能试验，确保触摸屏准确良好。关机后用抹布蘸少量清洗剂或 TMO150 油对示教器和示教器与电柜之间的连接电缆进行清洁。

3. 控制柜清洁保养

1）关机后，打开控制柜门，用气枪除尘，注意气量不要太大。

2）关机后，关闭控制柜门，取下控制柜后盖板，除尘前注意确认附近的板件及模具不会被粉尘污染，然后直接用气枪除尘。控制柜为密封柜，柜门关闭后不必担心粉尘进入柜内。除尘后，给控制柜通电，观察风扇运转状态，如果无异常，关机后再安装后盖板。

五、特别注意事项

1）机器人机械零位若出现偏差，需慎重进行调整，注意零位调整的变化对生产轨迹的影响。

2）每月和节前放假，必须在硬件报警中查看是否有 SMB（Serial Measurement Board，串行测量板）电池电量不足报警。SMB 电池电量消耗完毕后会造成零位丢失。

3）若需更换 SMB 电池，必须先手动操作分别将机器人 J1~J6 轴回零位，否则会导致机器人零位丢失。

4）非必要时刻，切勿按下制动实验板的制动按钮，建议在制动实验板上加装盖板。

5）加油、排油时注意机器人姿态和油品型号是否正确。J1 轴排油时间较长，需注意确认废油是否排放完毕。

6）注意给电柜除尘时对周围环境的影响。

练习与思考

1. 解释"自由度""位姿""示教再现"的含义。

2. 机器人示教器使用安全注意事项有哪些？

3. 机器人工作中的安全注意事项有哪些？

4. 如何更换 FANUC 机器人备份电池？

第2章
CHAPTER2

ABB机器人操作与编程

第1节　ABB机器人简介

学习目标

1. 了解 ABB 机器人本体的技术参数。
2. 认识 ABB 机器人控制器部件名称及功用。
3. 熟悉 ABB 示教器各按键功能。

建议学时：2 学时

一、ABB机器人本体构造及技术参数

1. ABB 机器人本体构造

机器人本体模拟人的手臂进行动作，具有 6 轴，是机器人主要部件之一，如图 2-1 所示。它是由通过伺服电动机驱动的轴和手腕构成的机构部件。手腕轴对安装在法兰盘上的末端执行器（工具）进行操控，如进行扭转、上下摆动、左右摆动之类的动作。

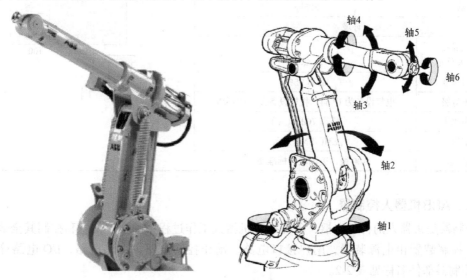

图2-1　具有6轴的机器人本体

2. 机器人本体技术参数

IRB1410 机器人本体技术参数见表 2-1。

表 2-1　IRB1410 机器人本体技术参数

机器人	规　　格		工作范围与载荷图
	承重能力 5kg	第 5 轴到达距离 1.44m	
附加载荷 　第 3 轴 　第 1 轴		18kg 19kg	
轴数 　机器人本体 　外部设备		6 6	
集成信号源		上臂 12 路信号	
集成气源		上臂最高 $8×10^5$Pa	
性能			
重复定位精度		0.05mm（ISO 试验平均值）	
运动 TCP 最大速度 连续旋转轴		2.1m/s 6	
电气连接			
电源电压		200~600V，50/60Hz	
额定功率 变压器额定值		4kV·A/7.8kV·A，带外轴	
物理特性			
机器人安装		落地式	
尺寸 机器人底座		620mm×450mm	
重量 机器人		225kg	
环境			
环境温度 机器人单元		5~45℃	
相对湿度		最高 95%	
防护等级		电气设备为 IP 54，机械设备需干燥环境	
噪声水平		最高 70dB（A）	
辐射		EMC/EMI 屏蔽	
洁净室		100 级，美国联邦标准 209e	

二、ABB机器人控制器

控制器是机器人的神经中枢，负责处理机器人工作过程中的全部信息和控制其全部动作。机器人控制装置由电源装置、用户接口电路、动作控制电路、存储电路、I/O 电路等构成。ABB 控制器部件名称见表 2-2。

表2-2　ABB控制器部件名称

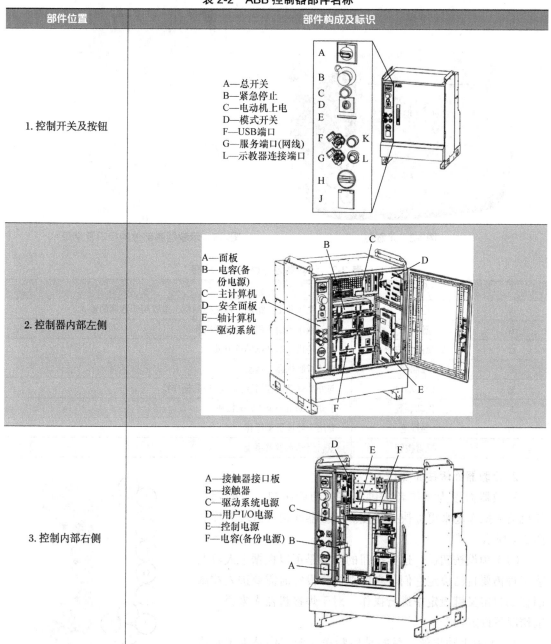

部件位置	部件构成及标识
1.控制开关及按钮	A—总开关 B—紧急停止 C—电动机上电 D—模式开关 F—USB端口 G—服务端口(网线) L—示教器连接端口
2.控制器内部左侧	A—面板 B—电容(备份电源) C—主计算机 D—安全面板 E—轴计算机 F—驱动系统
3.控制内部右侧	A—接触器接口板 B—接触器 C—驱动系统电源 D—用户I/O电源 E—控制电源 F—电容(备份电源)

三、ABB机器人示教器

1. 示教器结构及功能

示教器（TP）又称示教盒，如图2-2所示。示教器主要用于输入、调试程序，是编程的重要窗口，具有触摸屏表面，也是主管应用工具软件与用户之间的接口的操作装置，通过示教器可以控制大多数机器人操作。示教器各部位的标识及字母如图2-3所示。

图2-3中，标识字母所对应的示教器各部位名称及功能见表2-3。

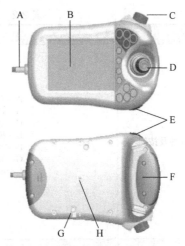

图2-2　示教器　　　　　　　　图2-3　示教器各部位的标识及字母

表2-3　示教器各部位名称及功能

标识字母	名称	功　能
A	连接器	由电缆线和接头组成，连接控制柜，主要用于数据的输入
B	触摸屏	显示操作页面，用于点触摸操作
C	紧急停止按钮	紧急停止，断开电动机电源
D	控制杆	手动控制机器人运动
E	USB 端口	与外部移动储存器连接，实现数据交换
F	使动装置	手动电动机上电 / 失电按钮
G	触摸笔	专用于触摸屏幕操作
H	重置按钮	重新启动示教器系统

2. 示教器面板按钮操作

示教器面板为操作者提供丰富的功能按钮，目的就是使机器人操作起来更加快捷简便。示教器面板各区域名称如图 2-4 所示。

（1）预设按钮键　这类按钮的功能是可以根据个人习惯或工种需要自己设定它们各自的功能，设定时需要进入控制面板的自定义键设定中进行操作。对于焊接机器人来说，一般情况下设定如下：

1）A 为手动出丝，目的是检验送丝轮工作是否正常或者方便机器人编程时定点等。

2）B 为手动送气，目的是确认气瓶是否打开以及调节送气流量。

3）C 为手动焊接，在手动点焊时使用（不常用）。

4）D 为不进行设置，待需要某项手动功能时再进行设置。

（2）选择切换功能键　这类按钮可以根据图标提示知道它们的功能：

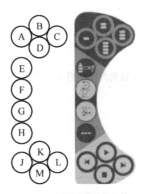

图2-4　示教器面板各区域名称

A~D—预设按钮

E—选择机械单元

F、G—选择操纵模式

H—切换增量

J—步退执行程序

K—执行程序

L—步进执行程序

M—停止执行程序

1）E为切换机械单元，通常情况下可以切换机器人本体与外部轴。

2）F为线性与重定位模式选择切换，按第一下按钮为选择"线性"模式，再按一下会切换成"重定位"模式。

3）G为1-3轴与4-6轴模式切换，按一下按钮会选择1-3轴运动模式，再按一下会切换成4-6轴运动模式。

4）H为"增量"切换，按一下按钮切换成有"增量"模式（增量大小在手动操纵中设置），再按一下切换成无"增量"模式。

（3）运行功能键 运行功能键在运行程序时使用，按下"使能器"起动电动机后才能使用该区域的按钮。

1）J为步退按钮，使程序后退一步的指令。

2）K为启动按钮，开始执行程序。

3）L为步进按钮，使程序前进一步。

4）M为停止按钮，停止程序执行。

3. 示教器操作界面

示教器在没有进行任何操作之前，它的触摸屏操作界面大致由四部分组成，即系统主菜单、状态栏、任务栏和快捷菜单，如图2-5所示。

（1）系统主菜单 单击ABB系统主菜单，操作界面会跳出一个界面，这个界面就是机器人操作、调试、配置系统等各类功能的入口，如图2-6所示。

图2-5 示教器操作界面

A—ABB系统主菜单 B—操作员窗口 C—状态栏
D—关闭按钮 E—任务栏 F—快速设置菜单

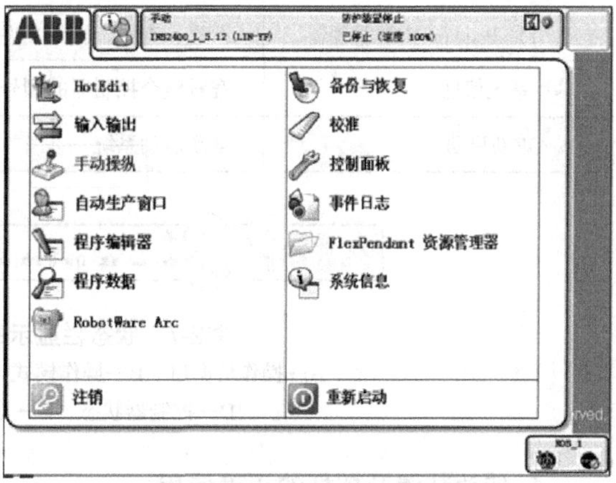

图2-6 系统主菜单中的功能项目

图2-6中，系统主菜单的项目图标及功能说明见表2-4。

（2）状态栏 显示当前状态的相关信息，例如操作模式、系统、活动机械单元等，如图2-7所示。

其中选定的机械单元（以及与选定单元协调的任何单元）以边框标记，活动单元显示为彩色，而未启动的单元则呈灰色。

（3）任务栏 用于显示已打开的窗口，最多能显示6个窗口。

（4）快速设置菜单 快速设置菜单采用更加快捷的方式，菜单上的每个按钮显示当前选择的属性值或设置。在手动模式中，快速设置菜单按钮显示当前选择的机械单元、运动模式和增量大小。

表2-4　系统主菜单的项目图标及功能说明

图标及名称	功能说明
HotEdit	在程序运行的情况下，坐标和方向均可调节
输入输出	查看输入、输出信号
手动操纵	手动移动机器人时，通过该按钮选择需要控制的单元，如机器人或变位机等
自动生产窗口	由手动模式切换到自动模式时，此窗口自动跳出，用于在自动运行过程中观察程序运行状况
程序编辑器	用于建立程序、修改指令，以及程序的复制、粘贴等操作
程序数据	设置数据类型，即设置应用程序中不同指令所需的不同类型数据
Production Manager	生产管理，显示当前的生产状态
RobotWare Arc	弧焊软件包，主要用于启动与锁定焊接等功能
注销	切换用户
备份与恢复	备份程序、系统参数等
校准	用于输入、偏移量及零位等的校准
控制面板	参数设定、I/O单元设定、弧焊设备设定、自定义键设定及语言选择等
事件日志	记录系统发生的事件，如电动机上电/失电、出现操作错误等
FlexPendant 资源管理器	新建、查看、删除文件夹或文件等
系统信息	查看整个控制器的型号、系统版本和内存等信息
重新启动	重新启动系统

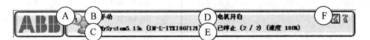

图2-7　状态栏显示的当前状态相关信息
A—操作员窗口　B—操作模式　C—系统名称（和控制器名称）
D—控制器状态　E—程序状态　F—机械单元

4. 使动装置及摇杆的正确使用

（1）使动装置　使动装置是工业机器人为保证操作人员安全而设置的。只有在按下使能器按钮并保持在"电机开启"的状态，才可以对机器人进行手动操作与程序调试。当发生危险时，人会本能地将使能器按钮松开或抓紧，机器人则会马上停下来，保证安全。使能器按钮有三个位置：

1）不按（释放状态）。机器人电动机不上电，机器人不能动作。

2）轻轻按下。机器人电动机上电，机器人可以按指令或摇杆操纵方向移动。

3）用力按下。机器人电动机失电，机器人停止运动。

（2）摇杆　主要在手动操作机器人运动时使用，它属于三方向控制，摇杆扳动幅度越大，机器人移动的速度越大。摇杆的扳动方向和机器人的移动方向取决于选定的动作模式，动作模式中提示的方向为正方向移动，反方向为负方向移动。

第2节　手动操作机器人

学习目标

1. 熟悉 ABB 机器人手动操纵界面。
2. 熟悉 ABB 机器人的动作模式。
3. 熟悉机器人坐标系。
4. 能手动操作机器人。

建议学时：4学时

在使用机器人进行焊接时，首先要学会手动操作机器人各轴进行运动，通过手动方式移动机器人工具（焊枪）到指定位置是学习机器人操作的基础。

一、ABB机器人示教器手动操作页面

ABB 机器人示教器手动操作页面如图 2-8 所示。

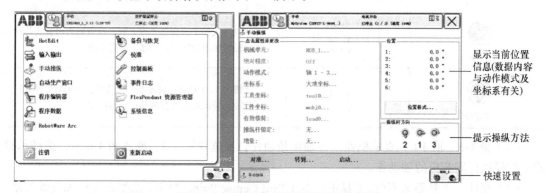

图2-8　ABB机器人示教器手动操作页面

二、ABB机器人手动操作主要参数的含义

1. 机械单元

机器人有多个机械单元可选，例如，一台机器人配有机械变位机，则该机器人有两个机械单元，一个为机器人本体，另一个为机械变位机，如图 2-9 所示。在手动操作时，可以选择对应的机械单元进行操作，完成相应的机械单元运动。

图2-9　选择机械单元

2. 动作模式

机器人的动作模式有轴1-3、轴4-6、线性、重定位等，如图2-10所示。动作模式与操纵杆图示及说明见表2-5。

轴1-3   轴4-6   线性   重定位

图2-10 机器人的动作模式

表 2-5 动作模式与操纵杆图示及说明

动作模式	操纵杆图示	说明
轴1-3	操纵杆方向 2 1 3	机器人的1、2、3轴必须单独运动，没有联动关系
轴4-6	操纵杆方向 5 4 6	机器人的4、5、6轴必须单独运动，没有联动关系
线性	操纵杆方向 X Y Z	机器人的工具姿态不变，TCP在空间内沿直线移动，各轴的转动角度由控制器运算后决定
重定位	Joystick directions X Y Z	机器人的TCP位置不变，工具绕指定的坐标轴旋转，各轴的转动角度由控制器运算后决定

（1）轴1-3、轴4-6 表示机器人各轴单独动作，当选择轴1-3、或者轴4-6时，拨动示教器上的操纵杆则相应的轴动作。

（2）线性 工具姿态不变，工具中心点（Tool Center Point, TCP）沿指定坐标轴直线移动。

（3）重定位 TCP不变，工具绕指定坐标轴转动。

3. 坐标系

ABB机器人坐标系有基坐标、大地坐标、工具坐标、工件坐标等，如图2-11所示。

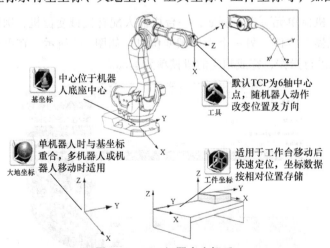

中心位于机器人底座中心
基坐标

默认TCP为6轴中心点，随机器人动作改变位置及方向
工具

单机器人时与基坐标重合，多机器人或机器人移动时适用
大地坐标

适用于工作台移动后快速定位，坐标数据按相对位置存储
工件坐标

图2-11 ABB机器人坐标系

4. 操纵杆锁定

其作用是可将操纵杆某个方向的运动锁定，避免误操作。

5. 增量

增量也称点动运动，用于精确调整机器人位置。

三、快速设置

单击示教器屏幕右下角处可调出手动操作的页面进行快速设置（见图2-12），并可以进行相关的切换操作，包括：选择机械单元、动作模式及坐标系；选择增量模式；选择单周或连续运行；选择步进模式，主要用于设置例行程序的调用模式；选择速度，适用于自动模式及手动全速模式；任务。

图2-12　快速设置页面

四、手动操作机器人实例

请将机器人焊枪从位置 A 移至位置 B，两位置的距离在 X 向相差 200mm，在 Z 向相差 100mm，如图 2-13 所示。要求利用单轴、线性、重定位等动作模式配合完成机器人的移动。本实例操作步骤见表 2-6。

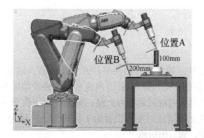

图2-13　手动操作作业图

表 2-6　手动操作机器人步骤

操作步骤	图　示
方法1：从【手动操纵】页面进入操作	
1.单击示教器左上角【ABB】，选择【手动操纵】选项	

（续）

操作步骤	图　　示
方法 1：从【手动操纵】页面进入操作	
2.单击【动作模式】进入动作模式选项	
3.单击相应动作模式,如"轴1-3",并单击【确定】	
4. 按住示教器上面的使能器开关使机器人通电,并根据右图所示的操纵杆方向提示,缓慢拨动操纵杆,机器人对应的轴即可运动。操纵杆上下拨动为机器人2轴运动,左右拨动为1轴动作,旋转为3轴运动,如右图所示	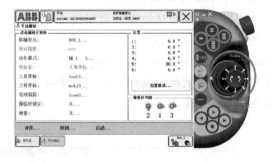
方法 2：从【快速设置】页面进入操作	
1.单击示教器面板右下角的【快速设置】	

（续）

操作步骤	图　　示
方法2：从【快速设置】页面进入操作	

2. 单击示教器屏幕右上角的机器人图标，出现如右图所示的机械单元选项，可选机器人 ROB-1 或外部轴 STN1 机械单元，坐标按图示默认，然后单击【显示详情】

3. 在【显示详情】页面中，单击相应动作模式，如"轴1-3""轴4-6""线性""重定位"等。拨动示教器上面的操纵杆，机器人即可按所选的动作模式进行运动

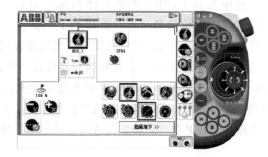

4. 根据任务要求，选择对应的动作模式，将机器人从"位置 A"移动到"位置 B"

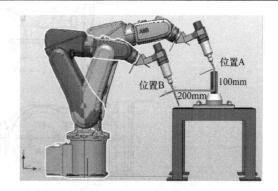

第3节　焊接机器人工具数据设定及使用

学习目标

1. 了解焊接机器人工具的含义和 TCP 的设定原理。
2. 掌握焊接机器人工具数据的设定方法。
3. 能用"四点法"设定机器人工具。

建议学时：2 学时

一、焊接机器人的工具

工具是能够直接或间接安装在机器人六轴转动盘上，或能够装配在机器人工作范围内固定位置上的物件，如图2-14所示。常见工具有焊枪、吸盘等。所有工具必须用工具中心点定义。

1. 工具数据

工具数据是用于描述安装在机器人第六轴上的工具（焊枪、吸盘夹具等）的TCP、质量、重心等参数的数据。新安装的工具必须对参数进行设定。

2. 工具中心点

工具中心点（TCP）如图2-15所示，是定义所有机器人定位的参照点。通常TCP与操纵

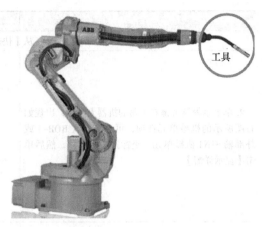

图2-14 焊接机器人工具

器转动盘上的位置相对，可以微调或移动到预设目标位置。TCP也是工具坐标系的原点。机器人系统可处理若干TCP定义，但每次只能存在一个有效TCP。TCP有两种基本类型：移动或静止。多数应用中TCP都是移动的，即TCP会随操纵器在空间移动。典型的移动TCP可参照弧焊枪的顶端、点焊的中心或焊枪的末端等位置定义。某些应用程序中使用固定TCP，例如使用固定的点焊枪时，TCP要参照静止设备而不是移动的操纵器来定义。

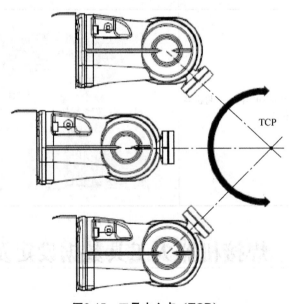

图2-15 工具中心点（TCP）

（1）定义TCP的作用 机器人执行程序时，TCP将移至编程位置。定义TCP将有利于编程时TCP能更精确地定位、更精确地到达目标点。

默认工具（tool0）的TCP位于机器人安装法兰的中心。如图2-16所示，A点就是默认TCP位置。

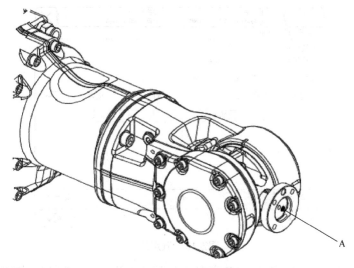

图2-16　默认TCP位置

（2）TCP 的设定原理

1）首先在机器人工作范围内找一个非常精确的固定点作为参考点。

2）然后在工具上确定一个参考点（最好是 TCP）。

3）用前文介绍的手动操作机器人的方法，移动工具上的参考点，以四种以上不同的机器人姿态尽可能与固定点刚好碰上。为了获得更准确的 TCP，在以下的例子中使用六点法进行操作，第四点是用工具的参考点垂直于固定点，第五点是工具参考点从固定点向将要设定 TCP 的 X 轴方向移动，第六点是工具参考点从固定点向将要设定为 TCP 的 Z 轴方向移动。

4）机器人通过这四个位置数据计算求得 TCP 的数据，然后保存在 tooldata 这个程序数据中被程序调用。

3. TCP 取点数量介绍

（1）四点法　不改变 tool1 的坐标方向，如图 2-17 所示。

（2）五点法　改变 tool0 的 Z 方向，如图 2-18 所示。

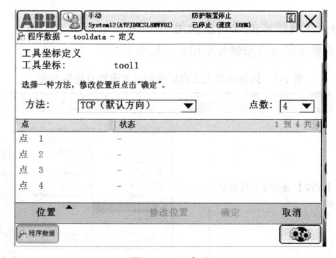

图2-17　四点法

图2-18 五点法

（3）六点法 改变tool1的X和Z方向（在焊接应用中最为常用），如图2-19所示。

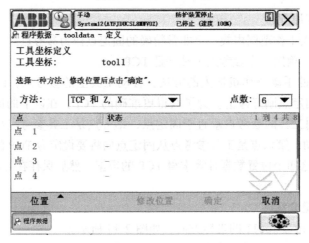

图2-19 六点法

二、焊接机器人工具数据的设定及使用

焊接机器人工具数据的设定步骤及使用方法见表2-7。

表 2-7 焊接机器人工具数据的设定步骤及使用方法

操作步骤	图 示
1. 单击示教器左上角【ABB】，选择【程序数据】选项，进入程序数据页面	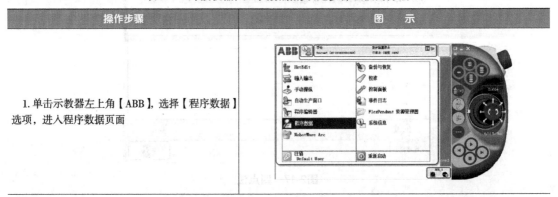

（续）

操作步骤	图　示
2. 单击【tooldata】，并单击【显示数据】	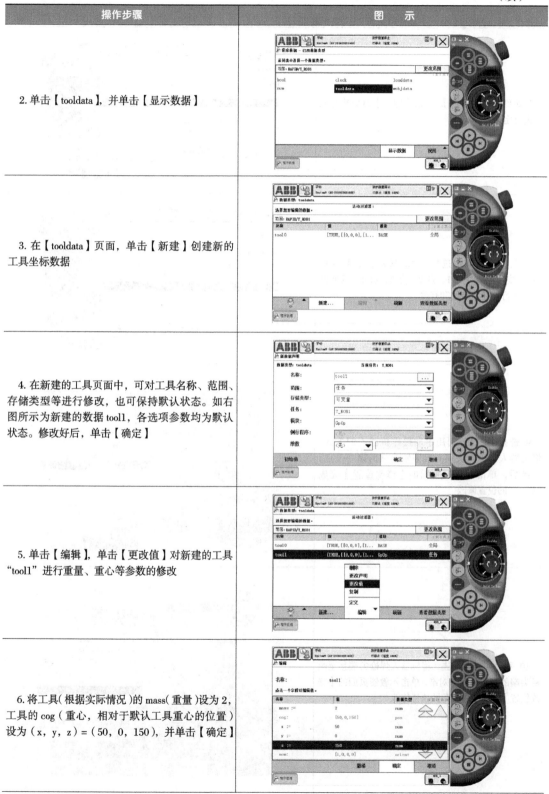
3. 在【tooldata】页面，单击【新建】创建新的工具坐标数据	
4. 在新建的工具页面中，可对工具名称、范围、存储类型等进行修改，也可保持默认状态。如右图所示为新建的数据tool1，各选项参数均为默认状态。修改好后，单击【确定】	
5. 单击【编辑】，单击【更改值】对新建的工具"tool1"进行重量、重心等参数的修改	
6. 将工具(根据实际情况)的mass(重量)设为2，工具的cog(重心，相对于默认工具重心的位置)设为(x，y，z) = (50，0，150)，并单击【确定】	

（续）

操作步骤	图　示
7. 继续单击【编辑】，单击【定义】对新建的工具进行定义	
8. 在方法选项中选择"TCP 和 Z"，点数选择"4"。接着依次对点 1、点 2、点 3、点 4、延伸器点 Z 进行位置的调整和修改	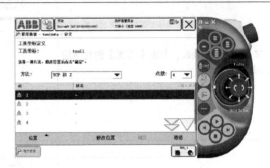
9. 选择"点 1"利用手动操作机器人的方式，将机器人焊枪的尖端对准圆锥尖端的第一个点，对准后，单击示教器页面的【修改位置】完成"点 1"的位置修改	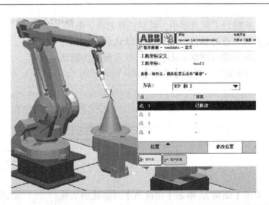
10. 利用同样的方法，将机器人焊枪尖端移至圆锥尖端的第二个点并对准，单击示教器页面的【修改位置】完成"点 2"的位置修改	

（续）

操作步骤	图　示
11. 利用同样的方法，将机器人焊枪尖端移至圆锥尖端的第三个点并对准，单击示教器页面的【修改位置】完成"点3"的位置修改	
12. 利用同样的方法，将机器人焊枪尖端移至圆锥尖端的第四个点并对准，单击示教器页面的【修改位置】完成"点4"的位置修改	
13. 将机器人焊枪尖端移至圆锥尖端的第五个点（焊枪垂直于圆锥尖端，并往上移动一定的距离），单击示教器页面的【修改位置】完成"延伸器点Z"的位置修改	
14. 定义完所有的点后，单击页面的【确定】，系统进入计算TCP位置误差过程。系统将"TCP"的位置误差显示在屏幕上，如右图所示。焊接编程要求TCP的平均误差小于0.05，超过则需要重新定义	

（续）

操作步骤	图　示
15. 定义好的工具坐标会在快捷界面中显示。选中该工具后，利用动作模式中的【重定位】模式，可以检验所定义的工具是否生效并能检验所定义的工具的精确度	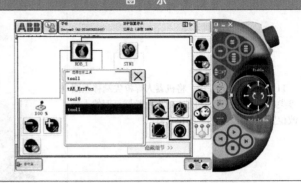
16. 选中【重定位】运动模式，拨动示教器操纵杆，让工具尖端做重定位运动，如果工具尖端位置能基本保持不变，说明定义的工具精确度比较好，达到了设定要求	

第4节　焊接机器人工件坐标设定及使用

学习目标

1. 了解机器人坐标系。
2. 掌握工件坐标系的设定方法。
3. 能对工作站中的工件设定工件坐标。

建议学时：2 学时

机器人在焊接工件时，焊接工装将工件固定在工作台的某个位置。有时候需要对焊接工件进行重新定位，如果此时焊接路径的各点位置也要重新定位的话会带来很大的工作量。为避免这种情况，可以通过将整个焊接路径整体移动定位就可以达到减少工作量的目的。这种焊接路径整体移动的方法只能通过定义工件坐标来实现。

一、焊接机器人的坐标系

坐标系从一个称为原点的固定点通过轴定义平面或空间。机器人目标和位置通过沿坐标系轴的测量来定位。

机器人使用若干坐标系，每种坐标系都适用于特定类型的微动控制或编程。

1）基坐标系位于机器人基座。它是最便于机器人从一个位置移动到另一个位置的坐标系。

2）工件坐标系与工件相关，通常是最适于对机器人进行编程的坐标系。

3）工具坐标系定义机器人到达预设目标时所使用工具的位置。

4）大地坐标系可定义机器人单元，所有其他的坐标系均与大地坐标系直接或间接相关。它适用于微动控制，例如，移动以及处理具有若干机器人或外轴移动机器人的工作站和工作单元。

5）用户坐标系在表示持有其他坐标系的设备（如工件）时非常有用。

二、焊接机器人工作站中的工件

焊接机器人工作站中的工件是拥有特定附加属性的坐标系，如图2-20所示。它主要用于简化编程（因置换特定任务和工件进程等而需要编辑程序时）。创建工件可用于简化对工件表面的微动控制。可以创建若干不同的工件，并从中选择一个用于微动控制的工件。使用夹具时，为了尽可能精确地定位和操纵工件，必须考虑有效载荷，即工件重量。

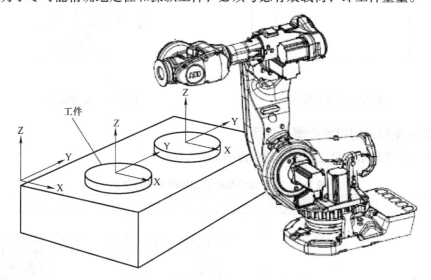

图2-20 焊接机器人工作站中的工件

三、工件坐标系

工件坐标系对应工件，就是工件相对于大地坐标系（或其他坐标系）的位置，如图2-21所示。工件坐标系必须定义于两个框架，一个是用户框架（与大地基座相关），另一个是工件框架（与用户框架相关）。机器人可以拥有若干工件坐标系，或者表示不同工件，或者表示同一工件在不同位置的若干副本。

对机器人进行编程就是在工件坐标系中创建目标和路径。这带来很多优点：

1）重新定位工作站中的工件时，只需更改工件坐标系的位置，所有路径将即刻随之更新。

2）允许操作以外轴或传送导轨移动的工件，因为整个工件可连同其路径一起移动。

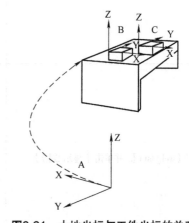

图2-21 大地坐标与工件坐标的关系

A—大地坐标系 B—工件坐标系1 C—工件坐标系2

四、工件坐标系的设定

在对象的平面上，只需要定义三个点，就可以建立一个工件坐标系，如图 2-22 所示。X1 点确定工件坐标的原点，X2 点确定工件坐标 X 正方向，Y1 确定工件坐标 Y 正方向，坐标 Z 的正方向根据右手定则得出，如图 2-23 所示。

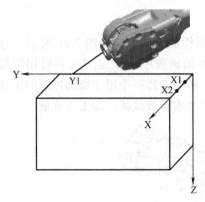

图2-22　工件坐标系

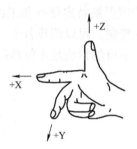

图2-23　右手定则

五、工件坐标系的设定步骤及使用

机器人工件坐标系的设定步骤及使用方法见表 2-8。

表 2-8　工件坐标系的设定步骤及使用方法

操作步骤	图　示
1. 单击示教器左上角【ABB】，选择【程序数据】选项，进入程序数据页面	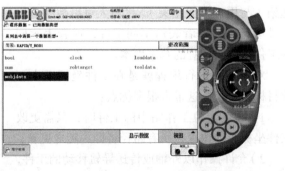
2. 单击【wobjdata】，并单击【显示数据】	

（续）

操作步骤	图　示
3. 在【wobjdata】页面，单击【新建】创建新的工件坐标数据	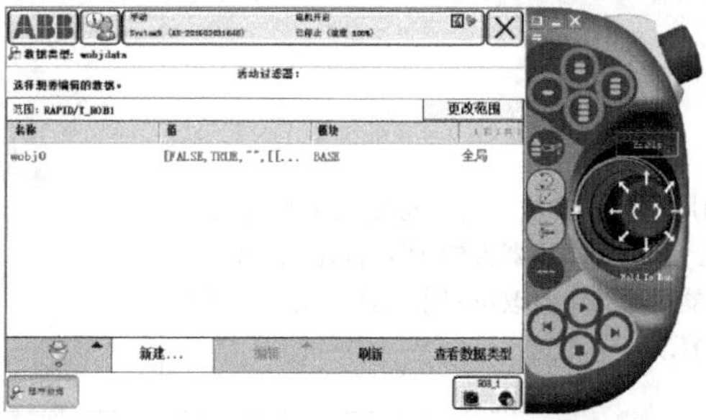
4. 在新建的工件页面中，可对工件名称、范围、存储类型等进行修改，也可保持默认状态。右图所示即为新建的工件坐标 wobj1，各选项参数均为默认状态。修改好后，单击【确定】	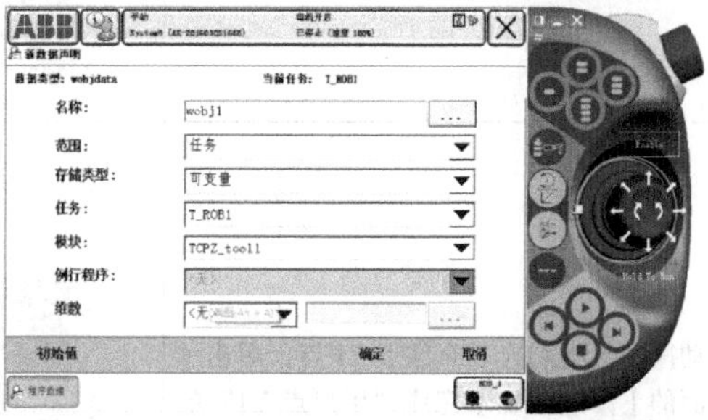
5. 单击【编辑】，然后单击【定义】对新建的工件"wobj1"进行定义	
6. 在用户方法中选择"3 点"，目标方法为"未更改"，并选择"用户点 X1"	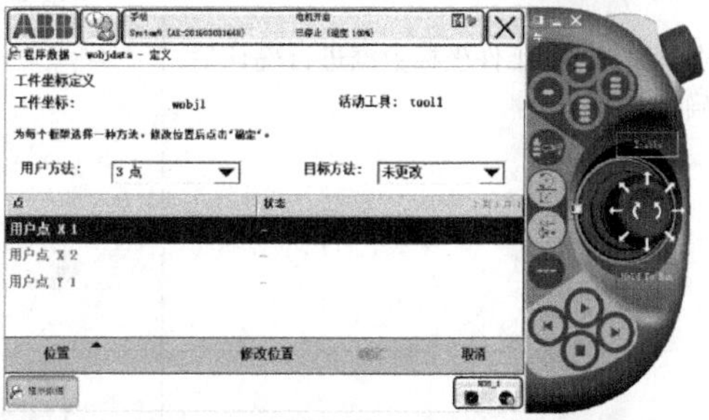
7. 利用手动操作机器人的方式，让它的 TCP 靠近图示 X1 点，作为待设定工件坐标系的原点，单击示教器页面的【修改位置】完成"用户点 X1"的位置修改	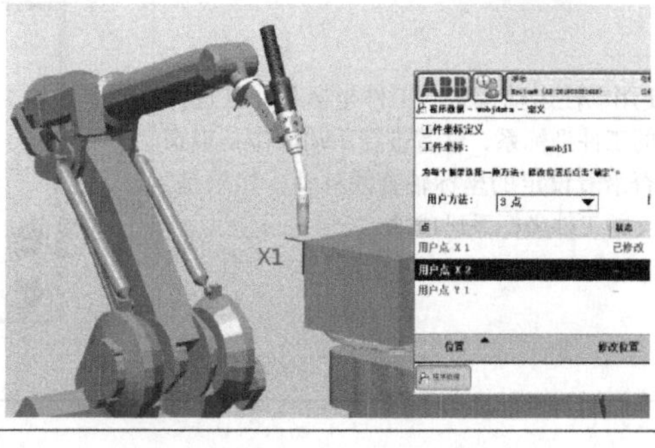

（续）

操作步骤	图　示
8. 利用同样的方法，沿着待定义工件坐标的 X 正向，手动操作机器人的 TCP 靠近 X2 点，单击示教器页面的【修改位置】完成"用户点 X2"的位置修改	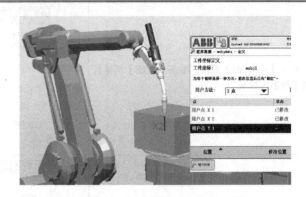
9. 手动操作机器人的 TCP 靠近 Y1 点，单击示教器页面的【修改位置】完成"用户点 Y1"的位置修改，并单击【确定】	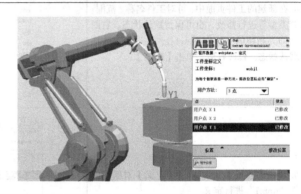
10. 对自动生成的工件坐标数据进行确认后，单击【确定】	
11. 使用线性运动模式与工件坐标系并且选择刚建好的工件坐标系，试着进行手动操作，观察 TCP 是否沿着设定的坐标轴直线移动，如果是，说明定义的工件坐标系已成功	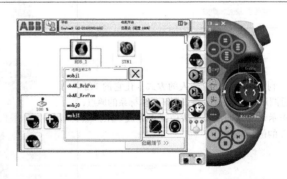

第5节 机器人移动指令编程

学习目标

1. 掌握常用的机器人移动指令。
2. 掌握机器人程序的构成。
3. 掌握机器人程序的编写和编辑方法。
4. 能够单周运行和连续运行程序。

建议学时：4 学时

一、示教与再现

绝大多数工业机器人属于示教再现方式的机器人。"示教"就是机器人学习的过程，在这个过程中，操作者要手把手教会机器人做某些动作，机器人的控制系统会以程序的形式将其记忆下来。机器人按照示教时记忆下来的程序展现这些动作，就是"再现"过程。示教再现机器人的工作原理如图 2-24 所示。

示教时，操作人员通过示教器编写运动指令，也就是工作程序，然后由计算机查找相应的功能代码并存入某个指定的示教数据区，这个过程称为示教编程。

再现时，机器人的计算机控制系统自动逐条取出示教指令及其他有关数据，进行解读、计算。做出判断后，将信号送给机器人相应的关节伺服驱动器或端口，使机器人再现示教时的动作。

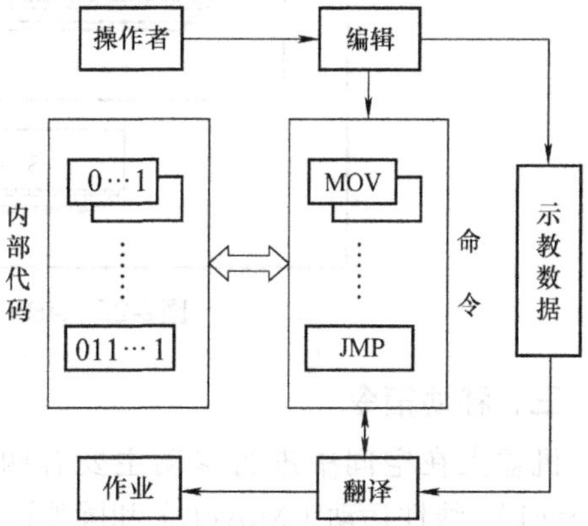

图2-24 示教再现机器人的工作原理

二、ABB工业机器人程序存储器

ABB 工业机器人存储器包含应用程序和系统模块两部分。存储器中只允许存在一个主程序，所有例行程序（子程序）与数据无论存在什么位置，全部被系统共享。因此，所有例行程序与数据除特殊规定以外，名称不能重复。ABB 工业机器人存储器的组成如图 2-25 所示。

1. 应用程序（Program）的组成

应用程序由主模块和程序模块组成。主模块（Main module）包含主程序（Main routine）、程序数据（Program data）和例行程序（Routines）；程序模块（Program modules）包含程序数据（Program data）和例行程序（Routines）。

2. 系统模块（System modules）的组成

系统模块包含系统数据（System data）和例行程序（Routines）。所有 ABB 机器人都自带两个系统模块，USER 模块和 BASE 模块。使用时对系统自动生成的任何模块不能进行修改。

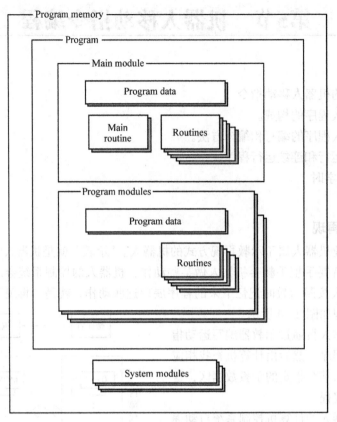

图2-25 ABB工业机器人存储器的组成

三、移动指令

机器人在空间中进行移动主要有四种方式：绝对位置运动（MoveAbsj）、关节运动（MoveJ）、线性运动（MoveL）和圆弧运动（MoveC）。

1. MoveAbsj

绝对位置运动（有时也称回原点指令），用于机器人各轴转角与外部轴各轴转角运动到转轴目标中的各轴转角数据，如图 2-26 所示。一般用于回原点等能够明确各轴转角的场合。

名称	值	名称	值
rax_1 :=	0	eax_a :=	9E+09
rax_2 :=	0	eax_b :=	9E+09
rax_3 :=	0	eax_c :=	9E+09
rax_4 :=	0	eax_d :=	9E+09
rax_5 :=	0	eax_e :=	9E+09
rax_6 :=	0	eax_f :=	9E+09
a) 机器人各轴转角		b) 外部轴转角	

图2-26 各轴转角数据

2. MoveJ

关节运动是指在对路径精度要求不高的情况下，机器人的 TCP 从一个位置移动到另一位置，两个位置之间的路径不一定是直线，如图 2-27 所示。

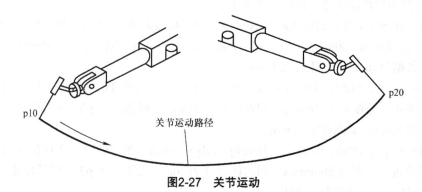

图2-27 关节运动

关节运动的路径不可以预测，由控制系统自定，所以使用关节运动指令时要注意避开工件或者其他障碍物。关节运动指令应用时具有以下 3 个特点：

1）不存在运动死点。

2）对机械保护好。

3）只适用于大范围空间运动。

3. MoveL

线性运动是指机器人的 TCP 从起点到终点之间的路径始终保持为直线，如图 2-28 所示。一般焊接、涂胶等应用对路径要求高的场合使用此指令。注意，线性运动机器人关节存在死点，应尽量避免四轴与五轴形成同一直线的情况。

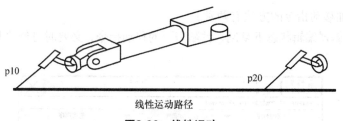

图2-28 线性运动

4. MoveC

圆弧运动是在机器人可到达的空间范围内定义三个位置点，第一点是圆弧的起点，第二点定义圆弧的中点，第三点是圆弧的终点，如图 2-29 所示。

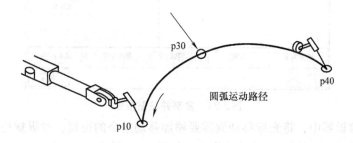

图2-29 圆弧运动

四、指令使用示例

图 2-30 所示为移动轨迹，程序说明如下：

（1）MoveL p1, v200, z10, tool1/wobj=wobj1　机器人的 TCP 从当前位置向 p1 点以线性运动方式前进，速度是 200mm/s，拐弯区尺寸为 10mm，距离 p1 点位置还有 10mm 时开始拐弯。使用的工具数据为 tool1，工件数据为 wobj1。

（2）MoveL p2, v100, fine, tool1/wobj=wobj1　机器人的 TCP 从 p1 点位置向 p2 点以线性运动方式前进，速度是 100mm/s，拐弯区尺寸为 fine，机器人在 p2 点位置稍作停顿。使用的工具数据为 tool1，工件数据为 wobj1。

（3）MoveJ p3, v500, fine, tool1/wobj=wobj1　机器人的 TCP 从 p2 点位置向 p3 点以关节运动方式前进，速度是 500mm/s，拐弯区尺寸为 fine，机器人在 p3 点位置停止。使用的工具数据为 tool1，工件数据为 wobj1。

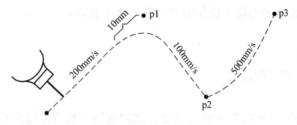

图2-30　移动轨迹

五、程序编辑方法

1. 添加指令

在程序中添加移动指令的方法有两种：

1）在程序编辑器编辑状态下复制、粘贴需要的移动指令，必要时可修改其参数，如图 2-31 所示。

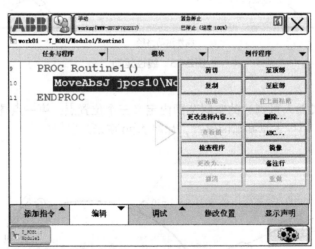

图2-31　复制并粘贴指令

2）在程序编辑器中，将光标移动到需要添加移动指令的位置，操纵摇杆使机器人到达新位置，使用"添加指令"添加新的移动指令，如图 2-32 所示。

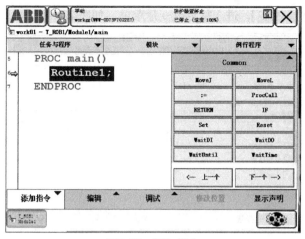

图2-32 添加指令

2. 编辑指令变量

例如，修改程序的第一个MoveJ指令，改变精确点（fine）为转弯半径z10。步骤如下：

1）在主菜单下，选程序编辑器，进入程序，选中要修改变量的程序语句，如图2-33所示。

图2-33 选中

2）单击【编辑】打开编辑窗口，如图2-34所示。

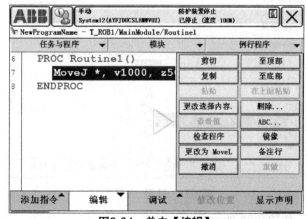

图2-34 单击【编辑】

3）单击【更改选择内容】，进入待更改变量菜单，如图 2-35 所示。

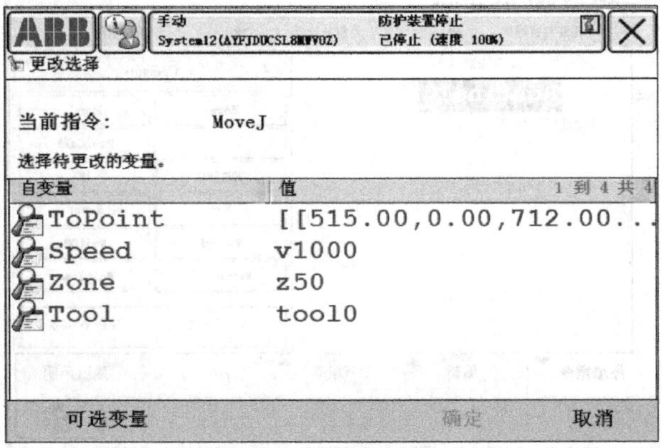

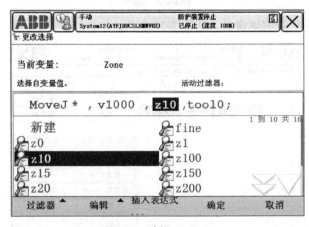

图2-35 待更改变量

4）单击【Zone】进入当前变量菜单，如图 2-36 所示。

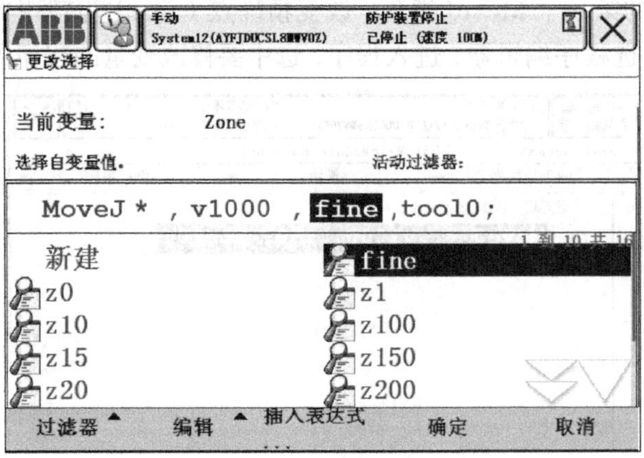

图2-36 当前变量菜单

5）选择"z10"，即可将 fine 改变为 z10，如图 2-37 所示。

图2-37 选择"z10"

6）单击【确定】，如图 2-38 所示。

图2-38　单击【确定】

3. 修改位置点

修改位置点的步骤如下：

1）在主菜单中选程序编辑器。

2）单步运行程序，使机器人轴或外部轴到达希望修改的位置或附近。

3）移动机器人轴或外部轴到新的位置，此时指令中的工件或工具坐标已自动选择。

4）单击【修改位置】，系统提示确定，完成点位置的修改确定。

5）确定修改时单击【修改】，保留原有点时单击【取消】。

6）重复步骤3）~4），修改其他需要修改的点。

六、新建与加载程序

1. 新建与加载一个程序的步骤

1）在主菜单下，选择程序编辑器。

2）选择任务与程序。

3）若创建新程序，单击【新建】，然后打开软键盘对程序进行命名；若加载已有程序，则单击【加载程序】，显示文件搜索工具。

4）在搜索结果中选择需要的程序，单击【确定】，程序被加载，如图2-39所示。为了给新程序腾出空间，可以先删除先前加载的程序。

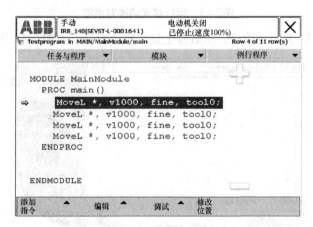

图2-39　机器人程序

2. 手动运行程序

（1）调节运行速度　在开始运行程序前，为了保证操作人员和设备的安全，应将机器人的运动速度调整到75%（或更低）。速度调节方法如下：

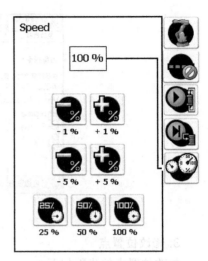

1）按快捷键。

2）按速度模式键，显示快捷速度调节按钮，如图2-40所示。

3）将速度调整为75%或50%。

4）按快捷菜单键关闭窗口。

（2）运行程序　运行刚才打开的程序，先用手动低速，单步执行，再连续执行。运行步骤如下：

1）将机器人切换至手动模式。

2）按住示教器上的使能键。

图2-40　快捷速度调节按钮

3）按单步向前或单步向后，单步执行程序。执行完一句即停止。

七、自动运行程序

自动运行程序的步骤如下：

1）插入钥匙，将运行模式切换到自动模式，示教器上显示运行模式切换对话框，如图2-41所示。

图2-41　运行模式切换对话框

2）单击【确定】，关闭对话框，示教器上显示生产窗口，如图2-42所示。

图2-42　生产窗口

3）按电动机通电／失电按钮激活电动机。

4）按连续运行键开始执行程序。

5）按停止键停止程序。

6）插入钥匙，运行模式返回手动状态。

八、机器人移动指令编程实例

新建一个程序，在程序中编辑机器人运动轨迹，如图 2-43 所示，要求机器人从原点 jpso10 移动至 p1-p2 直线点，并经过 p3-p4 圆弧点，最后回到机器人原点 jpso10 点。机器人速度要求统一设定为 500mm/s。

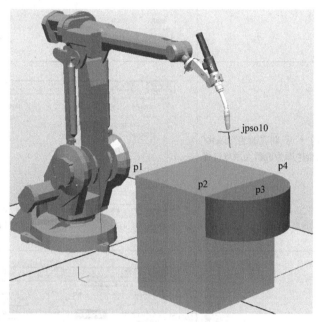

图2-43　机器人运动轨迹

移动指令编程步骤见表 2-9。

表 2-9　移动指令编程步骤

操作步骤	图示
添加指令及修改点位置的操作	
1. 单击示教器左上角【ABB】，选择【程序编辑器】选项，进入程序编辑器页面	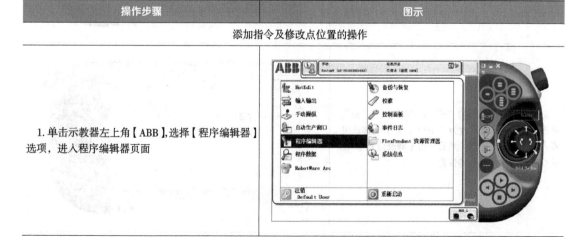

（续）

操作步骤	图示
2. 单击【添加指令】，根据任务要求，添加"MoveAbsJ"绝对位置运动指令	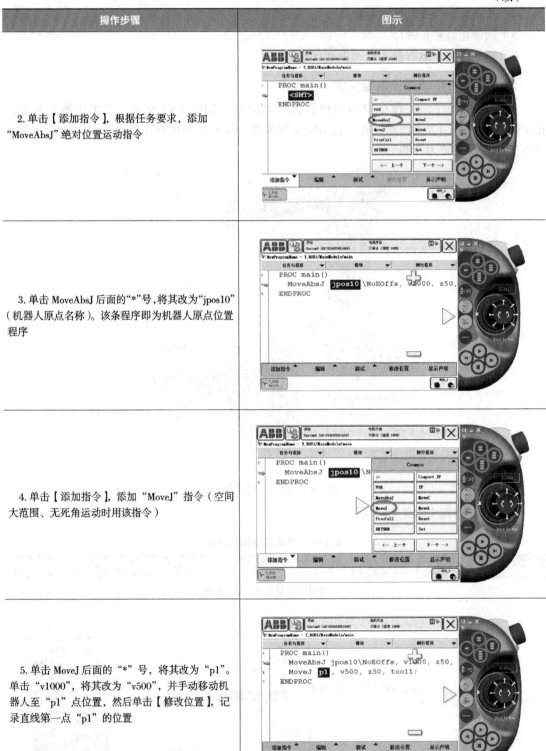
3. 单击 MoveAbsJ 后面的"*"号，将其改为"jpos10"（机器人原点名称）。该条程序即为机器人原点位置程序	
4. 单击【添加指令】，添加"MoveJ"指令（空间大范围、无死角运动时用该指令）	
5. 单击 MoveJ 后面的"*"号，将其改为"p1"。单击"v1000"，将其改为"v500"，并手动移动机器人至"p1"点位置，然后单击【修改位置】，记录直线第一点"p1"的位置	

（续）

操作步骤	图示
6. 单击【添加指令】，添加"MoveL"指令（直线移动指令）	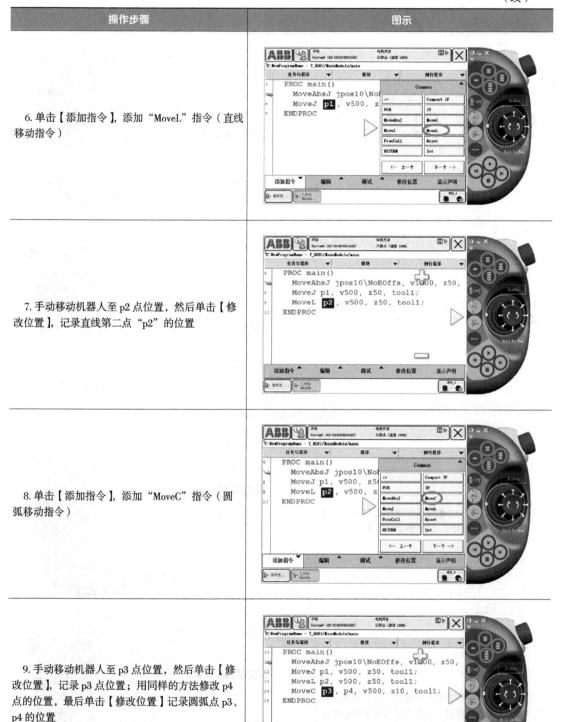
7. 手动移动机器人至 p2 点位置，然后单击【修改位置】，记录直线第二点"p2"的位置	
8. 单击【添加指令】，添加"MoveC"指令（圆弧移动指令）	
9. 手动移动机器人至 p3 点位置，然后单击【修改位置】，记录 p3 点位置；用同样的方法修改 p4 点的位置，最后单击【修改位置】记录圆弧点 p3、p4 的位置	

（续）

操作步骤	图示
10. 单击【编辑】，单击程序第一条指令（原点），单击【复制】（复制第一条指令），单击最后一条指令（粘贴到这条指令下面），单击【粘贴】。该步骤即为机器人回到原点位置	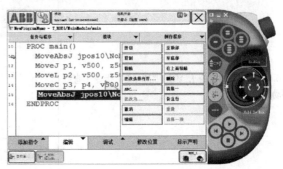
11. 单击【添加指令】，添加 "Stop" 指令（程序结束停止指令），至此程序编程完毕	
单步运行机器人程序的操作	
1. 单击机器人第一条程序（相当于选中第一条程序）单击【调试】，单击【PP 移至光标】	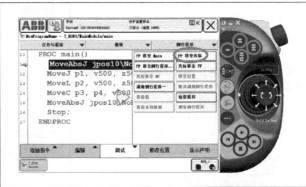
2. 按住机器人示教器后面的使能开关，并按示教器面板的单步播放按键，机器人即可单步运行程序	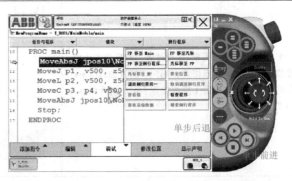

（续）

操作步骤	图示
自动运行机器人程序的操作	
1.将机器人控制柜上的钥匙打到【自动模式】，并按下【通电 / 复位】按钮，使机器人通电	 通电/复位 自动模式
2.单击示教器面板的【播放】，机器人即可自动运行程序	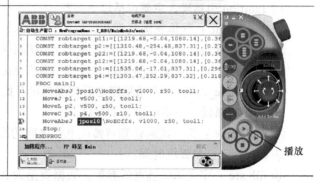

第6节　机器人焊接指令编程

学习目标

1.掌握常用的机器人焊接指令及用途。

2.掌握焊接参数的设置方法。

3.掌握摆动焊接及摆动参数设置。

4.能进行焊接指令编程。

建议学时：4 学时

一、常用焊接指令及焊接参数

1.焊接指令

（1）ArcLStart　直线焊接开始指令。直线焊接开始指令有以下特点：

1）以直线运动或圆弧运动行走至焊道开始点，并提前做好焊接准备工作（注意不执行焊接）。

2）若直接用 ArcL 命令，焊接在命令的起始点开始执行，但在所有准备工作完成前机器人保持不动。

3）不管是否使用 Start 指令，即使设置了 Zone 参数，焊接开始点也是 fine 点（无圆角过渡）。

（2）ArcL、ArcC 直线焊道、圆弧焊道。直线焊道、圆弧焊道指令的运动轨迹与线性运动、圆弧运动的轨迹相同。使用时应注意，如果 ArcL 指令下一条是 MoveL，焊接会停止，但结果是无法预料的（如没有填弧坑）。

（3）ArcLEnd、ArcCEnd 直线或圆弧焊接结束指令。焊接直线或圆弧至焊道结束点，并完成填弧坑等焊后工作。

2.焊接参数

（1）Weld 参数 定义主要焊接参数。主要包括以下参数：

1）weld_speed：焊接速度。

2）main_arc：定义主电弧参数，包括 Voltage（电压值）、WireFeed（电流值）。

（2）Seam 参数 用于焊接引弧、加热和收弧段，以及中断后重启。

1）Ignition 引弧段，主要包括以下参数：

① purge-time：气体充满气管和焊枪的时间（s）。

② preflow_time：预先送气时间，机器人保持不动直至该动作结束。

③ ign_arc：定义引弧电弧参数，数据类型为 Arcdata。

④ ign_move_delay：引弧稳定之后到加热段开始之间的延时。

2）End 收弧段，主要包括以下参数：

① cool_time：第一次断弧到填弧坑电弧之间的冷却时间。

② fill_time：填弧坑时间。

③ fill_arc：定义填弧坑电弧参数，数据类型为 Arcdata。

④ postflow_time：焊道保护送气时间。

（3）Weavedata 焊接摆动参数 用于定义摆动参数（在焊接指令的可选变量中），主要包括以下参数：

1）weave_shape 摆动形状，数值 0~3，含义见表 2-10。

表 2-10 摆动形状数值含义

摆动数值	英文含义	中文含义
0	No weaving	没有摆动
1	Zigzag weaving	Z 字形摆动
2	V-shaped weaving	V 字形摆动
3	Triangular weaving	三角形摆动

2）weave_type 摆动模式，数值 0~3，含义见表 2-11。

表 2-11 摆动模式数值含义

设定的数值	含义	设定的数值	含义
0	机器人的 6 根轴都参与摆动	2	1、2、3 轴参与摆动
1	5 轴和 6 轴参与摆动	3	4、5、6 轴参与摆动

3）weave_cycle 摆动周期，可用周期长度或摆动频率来定义，如图 2-44 所示。

4）weave_width 摆动宽度（mm），如图 2-45 所示。

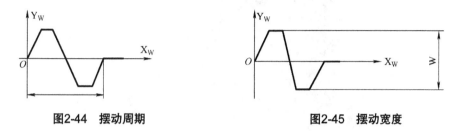

图2-44　摆动周期　　　　　　　　　　　　图2-45　摆动宽度

二、焊接指令使用示例

以图 2-46 所示的直线焊缝为例，说明焊接程序的基本含义。

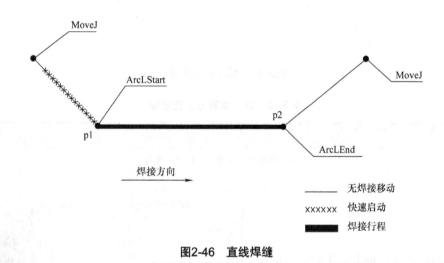

图2-46　直线焊缝

（1）MoveJ…　机器人的 TCP 以关节运动方式移动到焊道的开始点 p1 上方，焊枪的姿势调整到适合焊接。

（2）ArcLStart p1, v100, seam1, weld1, fine, tool1　机器人的 TCP 以线性运动方式移动到焊道的开始点 p1，运动速度为 100mm/s，机器人准备好焊接时所使用的参数。机器人在 p1 点位置稍作停顿后开始起弧，起弧的参数在 seam1 中设定。使用的工具数据为 tool1。

（3）ArcLEnd p2, v100, seam1, weld1, fine, tool1　机器人的 TCP 以直线的焊接方式从焊道的开始点 p1 向焊接结束点 p2 焊接，焊接速度在 weld1 中设置。机器人在 p2 点位置完成收弧动作后焊接停止，收弧的参数在 seam1 中设定。使用的工具数据为 tool1。

（4）MoveJ…　机器人的 TCP 以关节运动方式移动到焊道的结束点 p2 上方。

三、焊接指令编程实例

图 2-47 所示为将 A、B 两板件与圆弧板件 C 焊接在一起的实例，焊接要求直线部分的焊道（p20-p30）加入摆动焊接，圆弧部分为无摆动焊接，焊接参数根据实际情况自定。试为该焊接作业编写焊接程序。程序编写方法及步骤见表 2-12。

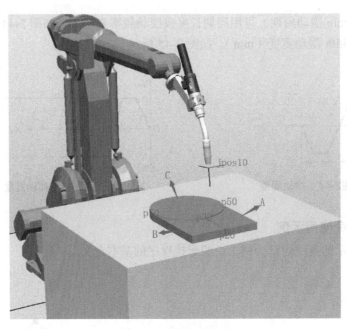

图2-47　板件焊接作业

表 2-12　程序编写方法及步骤

操作步骤	图示
一、添加指令及修改点位置的操作	
1.单击示教器左上角【ABB】,选择【程序编辑器】选项，进入程序编辑器页面	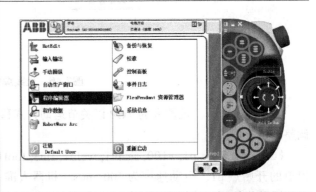
2.单击【添加指令】，根据任务要求，添加"MoveAbsJ"绝对位置运动指令	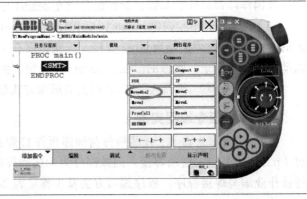

（续）

操作步骤	图示
3. 单击 "MoveAbsJ" 后面的 "*" 号，将其改为 "jpos10"（机器人原点名称）。该条程序即为机器人原点位置程序	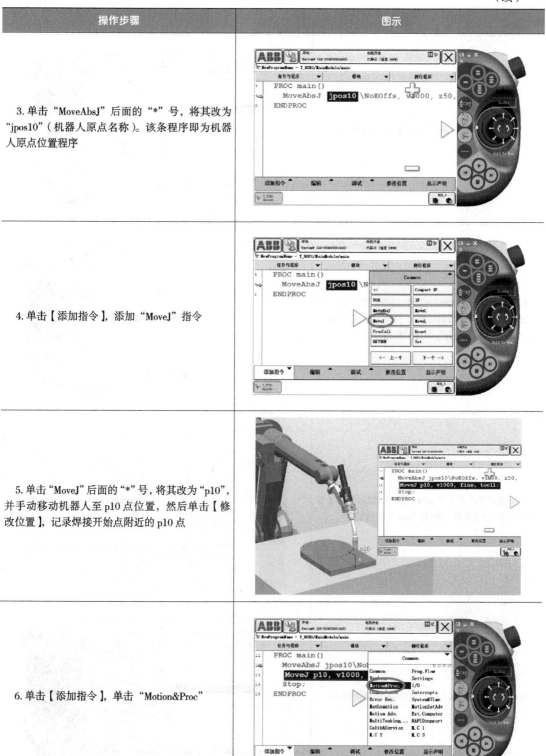
4. 单击【添加指令】，添加 "MoveJ" 指令	
5. 单击 "MoveJ" 后面的 "*" 号，将其改为 "p10"，并手动移动机器人至 p10 点位置，然后单击【修改位置】，记录焊接开始点附近的 p10 点	
6. 单击【添加指令】，单击 "Motion&Proc"	

（续）

操作步骤	图示
7. 单击添加"ArcLStart"直线焊接开始指令	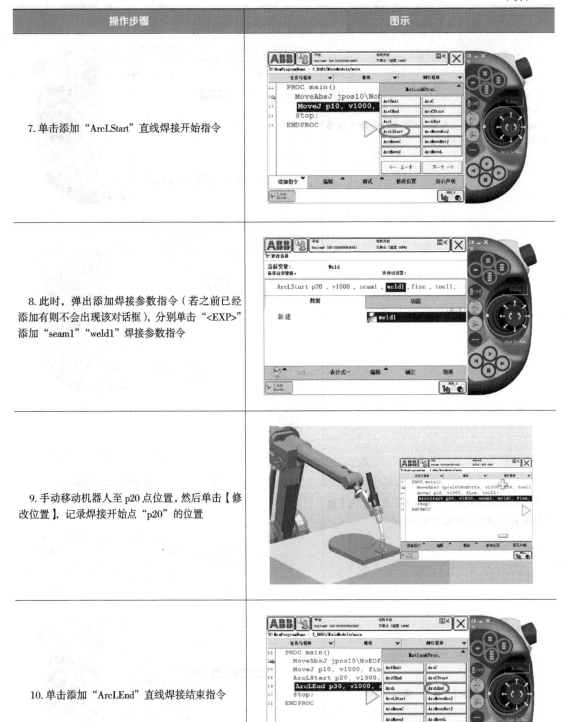
8. 此时，弹出添加焊接参数指令（若之前已经添加有则不会出现该对话框），分别单击"<EXP>"添加"seam1""weld1"焊接参数指令	
9. 手动移动机器人至 p20 点位置，然后单击【修改位置】，记录焊接开始点"p20"的位置	
10. 单击添加"ArcLEnd"直线焊接结束指令	

（续）

操作步骤	图示
11. 手动移动机器人至p30点位置，然后单击【修改位置】，记录焊接结束点"p30"的位置	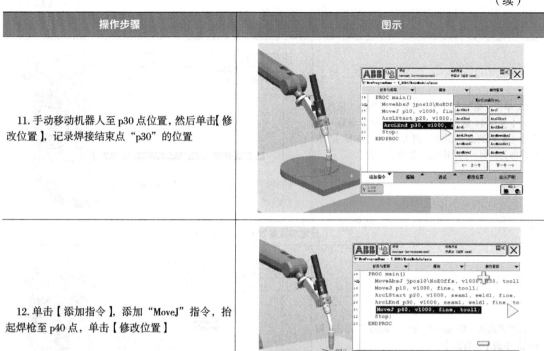
12. 单击【添加指令】，添加"MoveJ"指令，抬起焊枪至p40点，单击【修改位置】	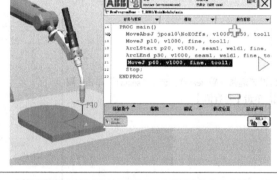
13. 单击添加"ArcLStart"直线焊接开始指令，并移动焊枪至p50点，该点为圆弧焊接开始点，单击【修改位置】记录p50点	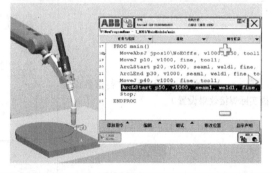
14. 单击添加"ArcCEnd"圆弧焊接结束指令，并分别移动焊枪至p60、p70点，单击【修改位置】记录p60、p70点	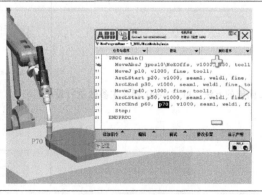

（续）

操作步骤	图示
15. 单击【编辑】，单击程序第一条指令（原点），单击【复制】（复制第一条指令），单击最后一条指令（粘贴到这条指令下面），单击【粘贴】。该步骤即为机器人回到机器人的原点位置	

二、设定焊接参数 seam1、weld1

1. 设置起弧参数 seam1。选中"seam1"，单击【调试】，单击【查看值】	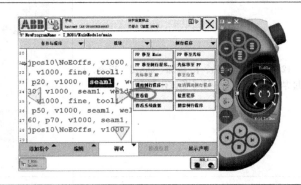
2. 进入 seam1 参数设置对话框，进行参数设置（根据实际焊接效果设置）	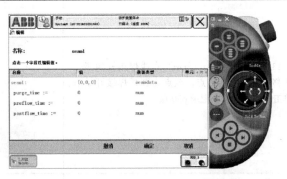
3. 同样的方法，可对 weld1 焊接主参数进行设置	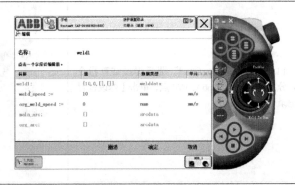

（续）

操作步骤	图示

三、给直线焊接部分加入摆动焊接

1. 单击将要加入摆动焊接的直线焊接开始段"ArcLStart p20，v1000……"（背景变蓝色），单击【编辑】，单击【更改选择内容】

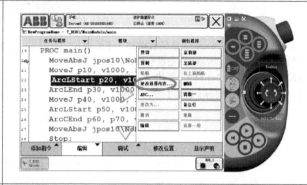

2. 单击【可选变量】

3. 在可选变量对话框中，找到并选中摆动参数"〔\Weave〕"并单击【使用】，然后单击【关闭】，返回页面

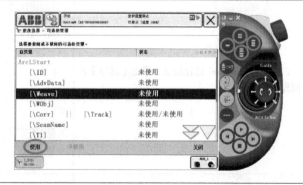

4. 在返回的页面中，找到并选中"Weave"，进入下一个页面

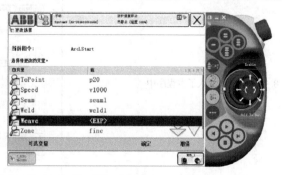

（续）

操作步骤	图示
5. 在该页面中，"Weave"已经自动加入了焊接开始程序中，但是"Weave"还没有数据，显示为"<EXP>"，需要给"<EXP>"新建一个焊接摆动参数，因此单击页面中的【新建】	
6. 在新建对话框中，新建一个名称为"weave1"的摆动参数（名称可以改动），摆动参数也可以有多组，根据需要新建。单击页面中的【确定】	
7. 摆动参数 weave1 已经建立，单击【确定】返回程序主页面	
8. 摆动参数已加入了主程序中	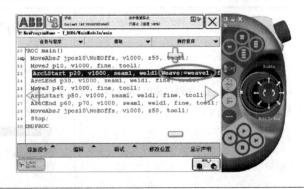

（续）

操作步骤	图示
9. 利用同样的方法，为焊接结束段"ArcLEnd p30，v1000……"加入摆动参数"weavel"	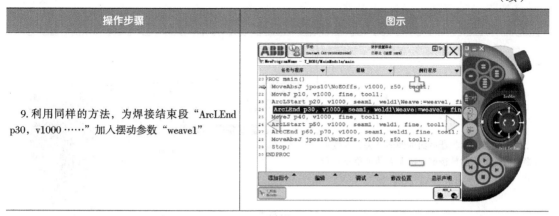
四、设置焊接摆动参数	
1. 选中"weavel"单击【调试】，再单击【查看值】进入即可对焊接摆动参数进行修改、设置	
2. 根据实际焊接效果，设置焊接摆动参数	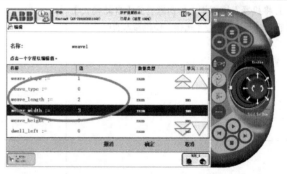
五、单步运行机器人程序的操作	
1. 单击机器人第一条程序（相当于选中第一条程序），单击【调试】，单击【PP移至光标】	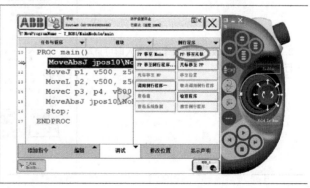

（续）

操作步骤	图示
2.按住机器人示教器后面的使能开关，并按示教器面板的单步播放按键，机器人即可单步运行程序	

六、自动运行机器人程序的操作

1.将机器人控制柜上的钥匙打到【自动模式】，并按下【通电/复位】按钮，使机器人通电	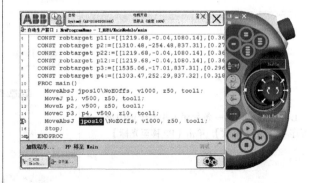 通电/复位 自动模式
2.单击示教器面板的【播放】，机器人即可自动运行程序	

练习与思考

1. 什么是机器人工具中心点（TCP）？
2. 请尝试利用五点法定义工具中心点。
3. 什么是示教再现过程？
4. 机器人程序由哪几部分组成？
5. 常用的机器人移动指令有哪些？
6. Fine 和 Zone 的含义是什么？各在什么情况下选用？
7. 主要焊接指令有哪些？
8. 拐弯区尺寸是什么意思？
9. 每道焊缝焊接是否都必须加入焊接开始与焊接结束指令，为什么？

第3章
CHAPTER 3

▶ OTC机器人操作与编程

第1节 OTC机器人简介

学习目标

1. 熟悉 OTC 机器人常用术语。
2. 了解 OTC 机器人本体技术参数。
3. 熟悉控制器各按钮及开关的功能。
4. 熟悉示教器按键及开关的功能。

建议学时：2 学时

一、OTC机器人常用术语

OTC 机器人常用术语见表 3-1。

表 3-1　OTC 机器人常用术语

术语	说明
悬式示教作业操纵按钮台	进行机器人的手动操作或示教等
Deadman 开关	不使机器人因误操作等而不经意发生动作的安全装置。Deadman 开关装设在悬式示教作业操纵按钮台的背面。只有按住 Deadman 开关，才能进行机器人的手动操作或前进／后退检查
示教模式	编制程序的模式
再生模式	自动执行所编制程序的模式
运转准备	机器人的动力状态，运转准备"ON"时为供给动力，运转准备"OFF"时为紧急停止
示教	教机器人其学习动作或焊接作业，所教内容记录在作业程序内
作业程序	记录机器人的动作或焊接作业执行顺序的文件
移动命令	使机器人移动的命令
应用命令	使机器人在动作途中进行各种辅助作业（焊接、程序的转移、外部 I/O 控制等）的命令
步骤	示教移动命令或应用命令的语句，即在程序内写入连续号码。此类号码即称为步骤
精确度	机器人会正确重现所示教的位置，但有时也存在误差。指定动作应该精确到什么程度的功能就称为精确度

（续）

术语	说明
坐标	机器人备有坐标。通常称为机器人坐标，是以机器人的正面为基准，前后为 X 坐标，左右为 Y 坐标，上下为 Z 坐标所成的正交坐标。此坐标即为直线内插动作或移位动作等的计算基准。另外，还备有工具坐标，以工具的安装面（凸缘面）为基准
轴	机器人由电动机控制。各个电动机控制的部分称为轴。以 6 个电动机控制的机器人称为 6 轴机器人
辅助轴	机器人以外的轴（定位器或滑动器）总称为辅助轴
前进检查 / 后退检查	使所编制的程序以低速逐一按步骤动作，进行示教位置确认的功能。有前进检查（go）/后退检查（back）两种
起动	再生所编制的程序，称为起动
停止	使起动状态（再生）的机器人停下来，称为停止
紧急停止	使机器人（或系统）紧急停下来，称为紧急停止。一般系统内备有多个紧急停止按钮，按下任何一个，系统即当场停止
机构	作为控制动作集体，无法再行分解的单位，如"操纵器""定位器""伺服焊枪""伺服行驶"等。操纵器加上伺服焊枪，像这样的结构称为"多重机构"。对于多重机构，若为手动操作的话，必须先规定是哪个机构的操作
组件	编制作业程序的单位。构成组件的机构，有一个的情形，也有多个的情形（多重机构）。通常组件是全体仅使用一个，因此不必在意。多重组件规格（NACHI 以往称为"多重机器人"，DAIHEN 以往称为"多重机"）可同时运转多个组件

二、OTC机器人系统构成及功能

机器人系统通常是由连接于一台控制装置的机器人与示教器，以及外围设备所组合而成的，如图 3-1 所示。

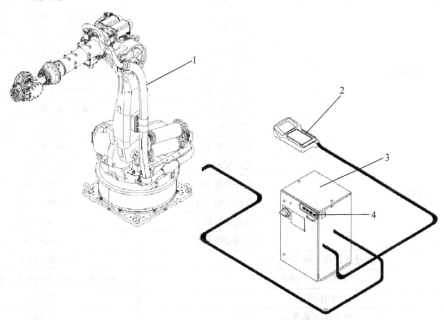

图3-1　机器人系统
1—机器人本体　2— 示教器　3—控制装置（控制器）　4—操作面板

1. 机器人本体

机器人本体通常有 5 个自由度以上，一般采用具有 6 个自由度的机器人。图 3-2 所示为主要用于弧焊用的 FD-V6 机器人，其技术参数见表 3-2。通常对机器人本体的要求如下：

1）可以保证焊枪的任意空间轨迹和姿态。

2）可以保证点至点的精确移动。

3）可以保证重复精度达到 ±0.2mm。

4）可以通过示教和再现方式或通过编程方式工作。

5）应具有各种直线和圆的插补功能。

6）应具有各种摆动功能。

图3-2 FD-V6机器人

表 3-2 FD-V6 机器人技术参数

项目		参数
型号		FD–V6
轴数		6 轴
负载		4kg
重复定位精度		±0.08mm
驱动功率		2550W
动作范围	基本轴 J1	±170°（±50°）
	基本轴 J2	−155°~+90°
	基本轴 J3	−170°~+180°
	手臂轴 J4	±155°
	手臂轴 J5	−45°~+225°
	手臂轴 J6	±205°
最大速度	基本轴 J1	3.66rad/s｛210（°）/s｝ 3.32rad/s｛190（°）/s｝
	基本轴 J2	3.66rad/s｛210（°）/s｝
	基本轴 J3	3.66rad/s｛210（°）/s｝
	基本轴 J4	7.33rad/s｛420（°）/s｝
	基本轴 J5	7.33rad/s｛420（°）/s｝
	基本轴 J6	10.5rad/s｛602（°）/s｝
荷载能力	允许扭矩 J4	10.1N·m
	允许扭矩 J5	10.1N·m
	允许扭矩 J6	2.94N·m
	允许转动惯量 J4	0.38kg·m²
	允许转动惯量 J5	0.38kg·m²
	允许转动惯量 J6	0.03kg·m²
机器人动作范围截面面积		2.94m²×340°
周围温度、湿度		0~45℃，20%~80%RH（无冷凝）
本体质量		154kg
第 3 轴可载能力		10kg
安装方式		地面 / 侧挂 / 吊装

2. FD11 机器人控制装置

控制装置是弧焊机器人的大脑和核心，前面装有电源开关，其侧面连接有示教器及操作箱，如图 3-3 所示。

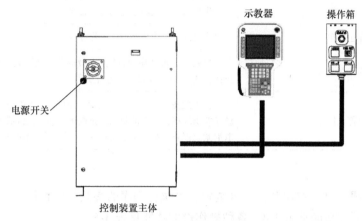

图3-3　FD11机器人控制装置

3. 操作箱

操作箱面板装有按钮，以供执行所需的必要最低限度的操作，如运转准备投入、自动运转的起动 / 停止、紧急停止、再生 / 示教模式的切换等操作，如图 3-4 所示。操作箱的各按钮及开关功能见表 3-3。

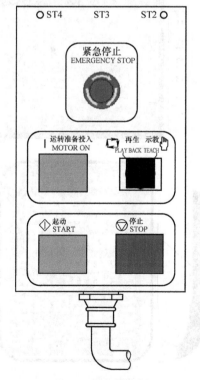

图3-4　操作箱面板

表 3-3　操作箱的各按钮及开关的功能

名称	功能
运转准备投入按钮	使机器人进入运转准备状态，即将开始动作
起动按钮	再生模式下，起动指定的作业程序
停止按钮	再生模式下，停止运行中的作业程序
模式转换开关	切换模式，可切换为再生/示教模式。此开关与悬式示教作业操纵按钮台的"TP作动开关"组合使用
紧急停止按钮	当按下此按钮时，机器人就紧急停止。不论按下操作箱还是悬式示教作业操纵按钮台上的紧急停止按钮，都可使机器人紧急停止。若要取消紧急停止，则将按钮向右旋转（按钮回归原位）

4. 示教器

　　示教器上有操作键、按钮及开关等装置，可执行程序的编制或各种设定，如图 3-5 所示。示教器的按钮、开关功能见表 3-4，各种操作键的功能见表 3-5。

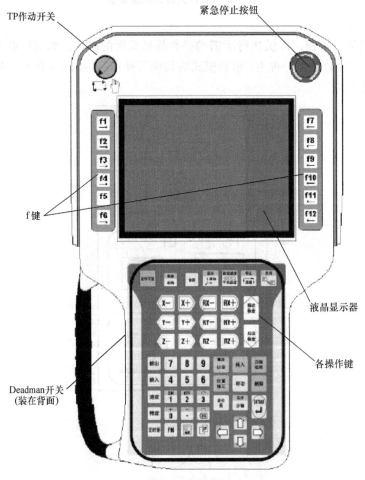

图3-5　示教器

表 3-4　示教器按钮、开关的功能

外观	名称	功能
	TP 作动开关	与操作面板或操作箱的模式转换开关相组合，切换为示教模式或再生模式
	紧急停止按钮	按此按钮，机器人就紧急停止。若要取消紧急停止，则将按钮向右旋转（按钮回归原位）
	Deadman 开关	装在背面的开关，在示教模式下手动操作机器人的情况下使用。通常仅装在左手侧，也有选购左右均装设者 一旦握住 Deadman 开关，即可供应动力给机器人（运转准备变为 ON），仅在握住 Deadman 开关期间，可进行手动操作 一旦发生危险，迅速松开开关，机器人立即停止动作

表 3-5　各操作键的功能

外观	名称	功能
动作可能	动作可能	与其他按键同时按下，执行各种功能
系统机构	系统 / 机构	单独按下该键：机构的切换 在系统内有多个机构被连接的情形下，可切换成手动操作机构 与〈动作可能〉键同时按下：系统的切换 在系统内定义有多个机构的情形下，可切换成操作对象的系统
协调	协调	为连接多个机构的系统所使用的按键，具有以下功能： 单独按下该键：协调手动操作的选择 / 解除 选择 / 解除协调手动操作 与〈动作可能〉键同时按下：协调动作的选择 / 解除 在示教时，选择 / 解除协调动作。当针对移动命令指定协调动作时，在步进号码之前会显示"H"
插补 坐标	插补 / 坐标	单独按下该键：坐标的切换 在手动操作时，切换成以动作为基准的坐标系。每次按下时，即切换成各轴单独坐标、直角坐标（或使用者坐标）及工具坐标，并显示于液晶画面 与〈动作可能〉键同时按下：插补种类的切换 切换记录状态的插补种类（接点插补 / 直线插补 / 圆弧插补）
检查速度 手动速度	检查速度 / 手动速度	单独按下该键：手动速度的变更 切换手动操作时机器人的动作速度。每次按下时，可切换 1~5 的动作速度（数字越大，速度越快）。除此以外，还具备以下功能： NACHi 依此按键所选择的手动速度，也决定记录于步进的再生速度 DAIHEN 未作上述设定。请在移动命令的示教时设定再生速度 提示　此功能通过"常数设定"→"5 操作和示教条件"→"4 记录速度"→"记录速度的数值"→"决定方法"设定 与〈动作可能〉键同时按下：检查速度的变更 切换前进检查 / 后退检查动作时的速度。每次按下时，可切换 1~5 的动作速度（数字越大，速度越快）

（续）

外观	名称	功能
停止 连续	停止 / 连续	单独按下该键：进行连续、非连续的切换 切换前进检查 / 后退检查动作时的连续、非连续。选择连续动作的话，在各步进中机器人的动作不会停止 与〈动作可能〉键同时按下：进行再生的停止 停止再生中的作业程序（具有与停止按钮相同的功能）
关闭	关闭 / 画面移动	单独按下该键：进行画面的切换、移动 在监视画面有多种显示的情形下，切换成操作对象的画面 与〈动作可能〉键同时按下：关闭画面 关闭所选择的监视画面
X- X+ RX- RX+ Y- Y+ RY- RY+ Z- Z+ RZ- RZ+	轴操作键	单独按下该键：不起作用 与 Deadman 开关同时按下：轴操作 以手动模式使机器人移动。要移动辅助轴时，预先以"组件 / 机构"切换操作的对象
前进 检查　后退 检查	前进检查 后退检查	单独按下该键：不起作用 与 Deadman 开关同时按下：前进检查 / 后退检查 执行前进检查 / 后退检查的动作。通常每次在记录位置（步进）上，使机器人停止下来，但也可使机器人连续动作。切换步进 / 连续时，使用"停止 / 连续"
覆盖 记录	覆盖 / 记录	单独按下该键：移动命令的记录 在示教时，执行移动命令的记录。仅可在作业程序的最后步进被选择的情形下使用 与〈动作可能〉键同时按下：移动命令的覆盖 在目前的记录状态（位置、速度、插补种类、精度）上，覆盖已完成记录的移动命令。但是，只有在变更移动命令的记录内容时才可覆盖。不可在应用命令上写入移动命令，或在其他应用命令上写入应用命令 **NACHi** 可使用"位置修正""速度""精度"，分别修正已完成记录的移动命令的记录位置、速度、精度 **DAIHEN** 可使用"位置修正"修正已完成记录的移动命令的记录位置 （提示）　"速度""精度"按键的功能通过"常数设定"→"5操作和示教条件"→"1操作条件"→"5速度键的使用方法"/"6精度键的使用方法"设定
插入	插入	单独按下该键：不起作用 与〈动作可能〉键同时按下：移动命令的插入 **NACHi** 将移动命令插入目前步进的"前" **DAIHEN** 将移动命令插入目前步进的"后" （提示）　可通过"常数设定"→"5操作和示教条件"→"1操作条件"→"7步进中途插入位置"更换为"前"或"后"

（续）

外观	名称	功能
压板 弧焊	压板 / 弧焊	此按键的功能根据应用（用途）不同而有所差异 点焊用途时 单独按下该键：点焊命令设定 用于设定点焊命令的情形。每次按键，切换记录状态的 ON/OFF 与〈动作可能〉键同时按下：点焊手动加压 将焊枪以手动加压 弧焊用途时 单独按下该键：命令的简易选择 可将移动命令、焊接开始、结束命令及常用的应用命令以简单的操作实现，并选择"简易示教模式" 与〈动作可能〉键同时按下：不起作用
位置 修正	位置修正	单独按下该键：不起作用 与〈动作可能〉键同时按下：位置的修正 将选择中的移动命令所记忆的位置，变更到机器人的当前位置
帮助	帮助	对操作或功能有不清楚的地方时，将其按下即可调用内置的示范功能（帮助功能）
删除	删除	单独按下该键：不起作用 与〈动作可能〉键同时按下：步进的删除 删除选择中的步进（移动命令或应用命令）
复位 R	复位 /R	取消输入，或将设定画面恢复原状。此外，可输入 R 代码（快捷方式代码）。当输入 R 代码时，即可调用所需功能
程序 步骤	程序 / 步骤	单独按下该键：步进的指定 要调用作业程序内所指定的步进时使用 与〈动作可能〉键同时按下：程序的指定 调用所指定的作业程序
Enter	Enter	确定菜单或输入数值的内容
⬆️⬅️⬇️➡️	箭号键	单独按下该键：光标的移动 移动光标 与〈动作可能〉键同时按下：移动、变更 ●在设定内容以多页所构成的画面上，执行页的移动 ●在程序编辑画面上，执行以多行单位的移动 ●维护或常数设定画面等，切换并排的选择项目（收音机按钮） ●示教 / 再生模式画面，变更目前步进的号码
输出	输出	单独按下该键：进入应用命令 SETM 的快捷方式 在示教中，调用输出信号命令（应用命令 SETM<FN105>）的快捷方式 与〈动作可能〉键同时按下：手动信号输出 以手动方式使外部信号置于 ON/OFF
输入	输入	在示教中，调用输入信号等待 [正逻辑] 命令（应用命令 WAITI<FN525>）的快捷方式

（续）

外观	名称	功能
速度	速度	NACHi 修正已完成记录的移动命令的速度 DAIHEN 设定移动命令的速度（设定内容被反映在记录状态上） （提示）此功能通过"常数设定"→"5 操作和示教条件"→"1 操作条件"→"6 速度键的使用方法"设定
精度	精度	NACHi 修正已完成记录的移动命令的精度 DAIHEN 设定此后要记录的移动命令的精度（设定内容被反映在记录状态上） （提示）此功能通过"常数设定"→"5 操作和示教条件"→"1 操作条件"→"6 精度键的使用方法"设定
定时器	定时器	在示教中记录定时器命令（应用命令 DELAY<FN50>）的快捷方式

第2节　手动操作机器人

学习目标

1. 熟悉机器人坐标系。
2. 熟悉机器人动作模式。
3. 能利用机器人的动作坐标手动操作机器人。

建议学时：2 学时

一、手动操作

使用示教器使机器人动作，叫作手动操作。以手动操作将机器人引导至将要记录的点。手动操作有单独操作机器人各轴的模式和使尖端以直线动作的模式等，如图 3-6 所示。

a) 单独操作各轴　　　　　　　　　　　　b) 使尖端以直线动作(正交坐标动作)

图3-6　手动操作运动模式

二、机器人坐标系

OTC 机器人动作坐标系分为轴坐标系、机器坐标系、工具坐标系等。各动作坐标系的描述与动作方向示意见表 3-6。

表 3-6 各动作坐标系与机器人动作方向示意

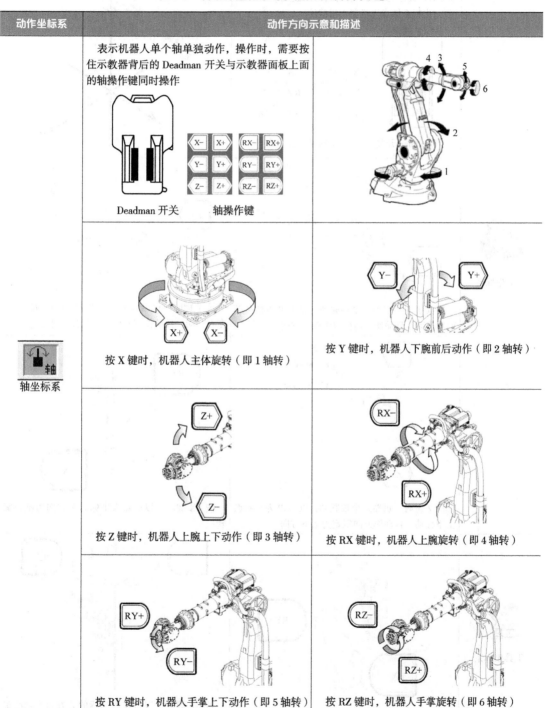

（续）

动作坐标系	动作方向示意和描述
	以机器人正面为基准，机器人各轴协同动作，动作方向固定为：X±（前后）、Y±（左右）、Z±（上下）。坐标系原点为机器人搭载的 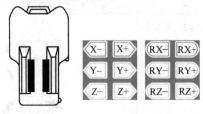 Deadman 开关　　轴操作键 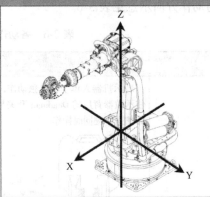
 机器坐标系	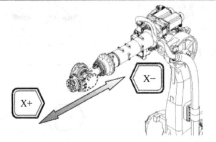 按 X 键时，机器人全轴联动，以 TCP 为参照点前后移动，且动作方向恒定为前后方向 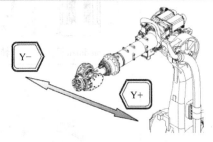 按 Y 键时，机器人全轴联动，以 TCP 为参照点左右移动，且动作方向恒定为左右方向
	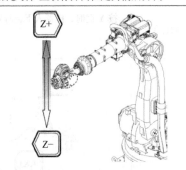 按 Z 键时，机器人全轴联动，以 TCP 为参照点上下移动，且动作方向恒定为上下方向 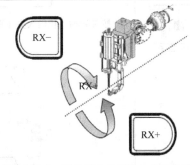 按 RX 键时，以机器人坐标的 X 方向为轴心旋转
 工具坐标系	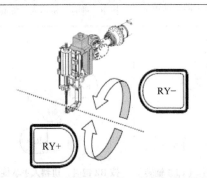 按 RY 键时，以机器人坐标的 Y 方向为轴心旋转 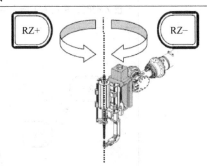 按 RZ 键时，以机器人坐标的 Z 方向为轴心旋转

（续）

动作坐标系	动作方向示意和描述
 工具坐标系	以工具为基准的坐标系，坐标系原点为机器人搭载的 TCP。要实现正确动作，需事先设定相应的工具参数，机器人的全轴协同动作 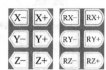 Deadman 开关　　　轴操作键　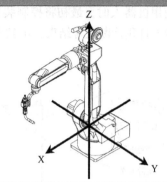 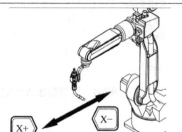 按 X 键时，机器人全轴联动，以 TCP 为参照点，沿 L 形支架所在的面（45° 焊枪所在的面）内垂直于焊丝送、退丝方向移动 ｜ 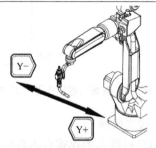 按 Y 键时，机器人全轴联动，以 TCP 为参照点，沿垂直于 L 形支架所在的面（45° 焊枪所在的面）移动 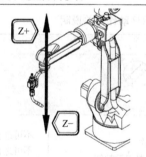 按 Z 键时，机器人全轴联动，以 TCP 为参照点，沿焊丝送、退丝方向移动 ｜ 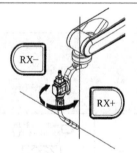 按 RX 键时，机器人全轴联动，以 TCP 为参照点，以工具坐标系 X 方向为轴心旋转 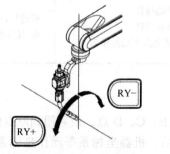 按 RY 键时，机器人全轴联动，以 TCP 为参照点，以工具坐标系 Y 方向为轴心旋转 ｜ 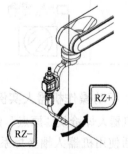 按 RZ 键时，机器人全轴联动，以 TCP 为参照点，以工具坐标系 Z 方向为轴心旋转

三、电源投入、模式选择

1. 电源投入

使用机器人时，最初将控制装置的电源（控制电源）开关置于 ON 位置，如图 3-7 所示。待机器人自我诊断正常结束，示教器出现的启动画面如图 3-8 所示，说明机器人准备就绪。

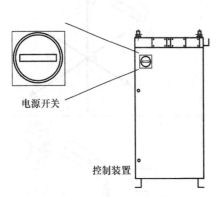

图3-7　电源（控制电源）开关置于ON

图3-8　示教器出现的启动画面

2. 模式选择

OTC 机器人的模式有示教模式和再生模式，在进行手动操作或机器人自动运转时，需要将操作箱面板上的 TP 动作开关和示教器上的 TP 动作开关同时打到示教或再生模式，这样机器人才可以进行相应的操作。机器人 TP 动作开关说明见表 3-7。

表 3-7　机器人 TP 动作开关说明

示教器		TP 动作开关	
操作箱模式转换开关	再生 示教 PLAYBACK TEACH	可进行手动操作 ※ 双方的开关置于示教侧	不可进行手动操作 不可进行自动运转 ※ 可进行机器人不动的操作
	再生 示教 PLAYBACK TEACH	不可进行手动操作 不可进行自动运转 ※ 可进行机器人不动的操作	可进行自动运转 ※ 双方的开关置于再生侧

四、手动操作机器人实例

将机器人焊枪从"原点"位置移至 A、B、C、D 点，最后回到原点位置，如图 3-9 所示。要求灵活使用机器人轴坐标系、工具坐标系、机器坐标系等动作坐标系完成机器人的运动。该作业的操作方法及步骤见表 3-8。

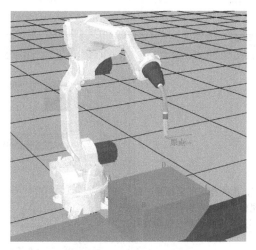

图3-9　手动操作作业图

表 3-8　手动操作机器人方法及步骤

操作方法	图示
1. 将控制装置的电源（控制电源）置于"ON"位置，打开控制柜电源	
2. 将操作箱面板上的钥匙开关打到"示教"模式	
3. 将示教器面板上的 TP 动作开关打到"示教"模式	
4. 按住示教器背后的 Deadman 开关使机器人通电	Deadman 开关

（续）

操作方法	图示
5. 单击示教器面板的"坐标"，选择相应的坐标系，如轴坐标系、机器坐标系或工具坐标系等（根据需要选择坐标系，不管选择哪种坐标系，都是以提高机器人运动效率为准，因此要熟练运用）	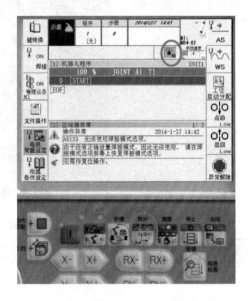
6. 根据选择的坐标系，单击示教器面板的速度按键，选择手动操作速度（手动操作机器人时，速度不要选太高，以防撞车），然后按示教器面板上的轴操作键即可对机器人进行手动操作	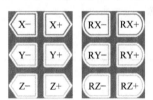 轴操作键
7. 按上面的方法，依次将机器人焊枪从"原点"移至本任务所要求达到的"A、B、C、D"点的位置	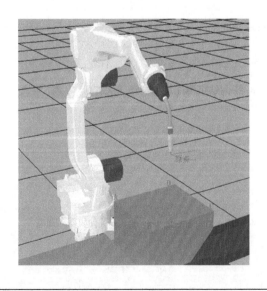

第3节 机器人移动示教

学习目标

1. 熟悉机器人示教流程。
2. 熟悉示教器面板按键的使用方法。
3. 掌握移动程序各指令的含义。
4. 能进行直线、圆弧示教。

建议学时：4学时

一、机器人示教的基本流程

所谓的机器人示教就是对机器人进行程序编写与调试。OTC机器人的示教步骤见表3-9。

二、机器人示教前的准备

1. 将机器人打到"示教模式"

2. 输入作业程序编号

即打开或调用机器人系统中的程序。OTC机器人的程序通常已经存在于系统中，只需要打开进行修改或编辑即可使用，程序编号范围有0~9999条。

表3-9　OTC机器人示教步骤

项目	步骤
示教前的准备	1. 选择示教模式。以示教模式进行示教 2. 输入作业程序号码。输入要编制的作业程序的号码。编号的输入范围为0~9999
示教	3. 记录移动命令（动作位置与姿势）。将机器人以手动操作移至记录位置，并调整姿势。按覆盖/记录键，记录步（移动命令）。重复这一过程，依次记录步（移动命令） 4. 根据需要记录应用命令。将应用命令记录到适当的步。预先记录应用命令，可将信号输出到外部，或者使机器人待机 5. 记录表示作业程序结束的结束命令（应用命令END<FN92>）作为最后步
内容确认	6. 确认示教内容。依序移动到已记录的步，确认记录位置、姿势
修正	7. 修正示教内容。变更记录点，追加和删除步

三、机器人移动示教操作

打开程序之后就可以进行示教操作了，示教窗口画面如图3-10所示。

1. 示教画面窗口含义

（1）作业程序编号　表示当前选择的程序编号。

（2）步骤号码　表示当前选择的步号。

（3）注释　作业程序第一步记录的注释。

（4）手动速度　即示教过程中，手动操作机器人各轴运动的速度，数值越小，机器人运动越慢。

（5）记录状态　指该程序当前设定的速度、插补方法等。

（6）光标　表示操作对象的光标，以绿色条显示。

（7）作业程序内容　显示已记录的步骤，如图 3-10 中程序的步骤为 7 步。

OTC 机器人作业程序编号的打开方法见表 3-10。

表 3-10　OTC 机器人作业程序编号的打开方法

图示	操作方法
	OTC 机器人程序编号的打开方法常见的有如下两种： 1. 按住示教器上面的【动作可能】键的同时，按【程序/步骤】键，即可打开【程序选择】画面，如下图所示： 在【调用程序】框中输入 0~9999 中的任意数值，即可打开其中的某条程序，也可以利用【一览表显示】查看系统存有的程序，进而进行选定。 2. 直接点击示教器触摸屏上的【程序】也可以打开程序编号，如下图所示 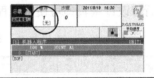

2. 移动命令示教的基本操作

移动命令示教，即让机器人进行直线、圆弧（曲线）移动。当机器人作业程序编号打开后，进行程序编写时，先确定让机器人直线移动还是沿圆弧（曲线）移动（即插补种类）移动速度是多少等。主要看示教画面窗口【记录状态】栏上面的显示。例如，图 3-10 和图 3-11 中的【记录状态栏】显示"100%　JOINT A1　T1"，其表示的意思如下：

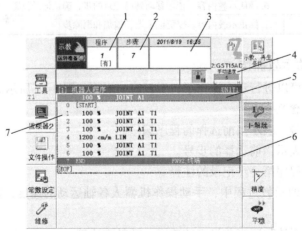

图3-10　示教画面窗口

1—作业程序编号　2—步骤号码　3—注释　4—手动速度　5—记录状态　6—光标　7—作业程序内容

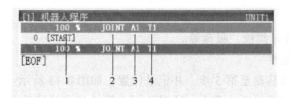

图3-11 记录状态栏程序

1—移动速度 2—插补种类 3—精度（精确度） 4—工具编号

（1）移动速度 表示设定机器人的移动速度为100%。机器人移动速度有以百分号表示，如50%、100%等，也可以以cm/m表示，如400cm/m、600cm/m等。

（2）插补种类 机器人的插补种类可以通过按【动作可能】键加数字键【7】、【8】、【9】或加【插补/坐标】键实现插入不同的插补种类，如图3-12所示。机器人常见插补种类见表3-11。

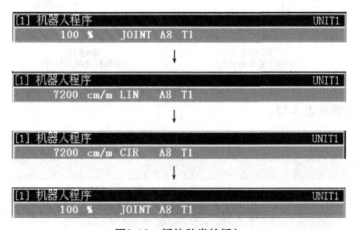

图3-12 插补种类的插入

表3-11 机器人常见插补种类

插补种类	动作时的轨迹	
关节内插（JOINT）	由于各轴单独运动，因此工具尖端的轨迹不是直线	
直线内插（LIN）	下一步（目标步）为直线插补时，工具尖端在连接步之间的直线上移动	
圆弧内插（CIR）	目标步与再下一步为圆弧插补时，工具尖端在圆弧上移动	

（3）精度（精确度） 通过各步骤时所取得的内回轨迹的程度，即Accuracy（精确度），

以＜精度＞切换。

（4）工具编号　表示焊枪、吸盘等。

3. 移动示教作业程序

使机器人自第 1 步移动至第 5 步，并记录位置，如图 3-13 所示。在第 6 步，使其与第 1 步骤位置相同，进行记录位置的重合。这是为了自第 5 步直接移动至第 1 步而再生时，机器人的动作不至于中断。

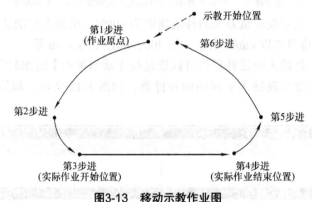

图3-13　移动示教作业图

该案例示教步骤见表 3-12。

表 3-12　移动示教步骤

步骤	方法
1.先在【记录状态】栏中设定机器人的速度、插补种类、精度、工具等	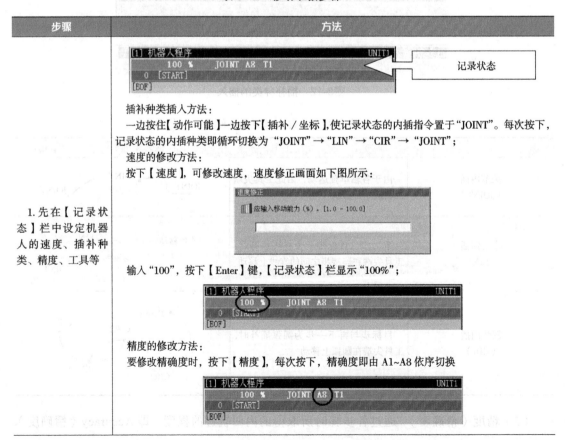

（续）

步骤	方法
2. 示教"第1步"并记录第一点（原点）	使用【轴操作键】（即手动操作），使机器人焊枪移动至"第1步"，并按下【覆盖／记录】。第1步被记录，该点即为作业原点位置 [1] 机器人程序　　　　　　　　　　　　UNIT1 　　　100 %　　JOINT A8 T1 0　[START] 1　100 %　　JOINT A8 T1 [EOF]
3. 示教"第2步"、"第3步"	利用与步骤2同样的参数与方法，将机器人焊枪分别移动至"第2步""第3步"，并按下【覆盖／记录】，记录下该两点 [1] 机器人程序　　　　　　　　　　　　UNIT1 　　　100 %　　JOINT A8 T1 0　[START] 1　100 %　　JOINT A8 T1 2　100 %　　JOINT A8 T1 3　100 %　　JOINT A8 T1 [EOF]
4. 示教"第3步"至"第4步"的直线部分	因为"第3步"至"第4步"是直线，因此插补种类应该切换为【直线内插】。一边按住【动作可能】一边按下【插补／坐标】，使记录状态的内插指令置于"LIN"。接着设定至第4步的速度，按下【速度】，修改速度为"200cm/m"； [1] 机器人程序　　　　　　　　　　　　UNIT1 　　　200 cm/m LIN　A8 T1 0　[START] 使用【轴操作键】（即手动操作），使机器人移动至第4步，并按下【覆盖／记录】，第4步被记录 [1] 机器人程序　　　　　　　　　　　　UNIT1 　　　200 cm/m LIN　A8 T1 0　[START] 1　100 %　　JOINT A8 T1 2　100 %　　JOINT A8 T1 3　100 %　　JOINT A8 T1 4　200 cm/m LIN　A8 T1 [EOF]
5. 示教机器人返回的"第5步"至"第6步"	再次将机器人的插补种类切换为"JOINT"，速度设置为"100%"，手动移动机器人焊枪至指定的"第5步"和"第6步"并按下【覆盖／记录】，"第5步"和"第6步"被记录 [1] 机器人程序　　　　　　　　　　　　UNIT1 　　　100 %　　JOINT A8 T1 0　[START] 1　100 %　　JOINT A8 T1 2　100 %　　JOINT A8 T1 3　100 %　　JOINT A8 T1 4　200 cm/m LIN　A8 T1 5　100 %　　JOINT A8 T1 6　100 %　　JOINT A8 T1 7　END　　　　　　　　　FN92.终端

（续）

步骤	方法
6.记录终端命令	程序结束，一般要加上"END"命令，按住【动作可能】加【END】，可以添加"END"终端命令 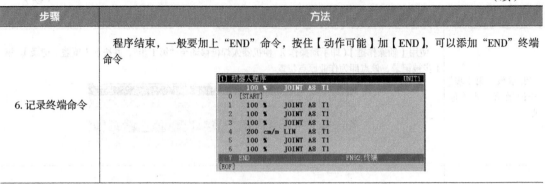

作业程序的编制至此结束，接着进行机器人动作或姿势等的确认作业

四、确认示教内容

程序编制完成后，需对程序进行试运行（确认作业），也称为检查运转。进行检查运转时，可使机器人在各步骤停止，因此可确认在该点的位置或姿势、步骤间的动作轨迹等，必要时进行修正。

检查运转方法是按住示教器背后的 Deadman 开关，使机器人通电，并按面板上的【前进检查】与【后退检查】。使步骤依照号码由小到大顺序动作，称为前进检查，其反向者，称为后退检查。此外，也可按【停止/连续】切换单步或连续动作。

五、修正程序

可对编辑好的程序进行修改、复制、粘贴等。常见修正项目及方法见表 3-13。

表 3-13　常见修正项目及示例

修正项目	示例
1.修正机器人的位置	尝试变更下图所示作业程序步骤 2 的位置。 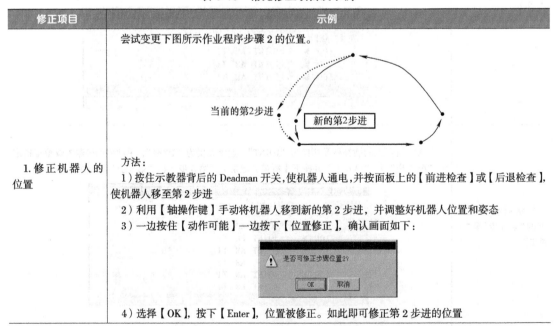 方法： 1）按住示教器背后的 Deadman 开关，使机器人通电，并按面板上的【前进检查】或【后退检查】，使机器人移至第 2 步进 2）利用【轴操作键】手动将机器人移到新的第 2 步进，并调整好机器人位置和姿态 3）一边按住【动作可能】一边按下【位置修正】，确认画面如下： 4）选择【OK】，按下【Enter】，位置被修正。如此即可修正第 2 步进的位置

（续）

修正项目	示例
2.用屏幕编辑功能进行修正	1）示教模式时，或在再生模式下选择了步骤再生时，按下示教器屏幕上的【编辑】。当前所选作业程序的画面显示被切换为下图所示的模式： 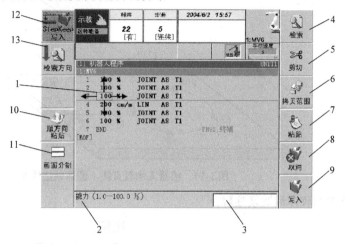 图中： 1——光标。可利用示教屏幕上的箭头键将光标移动至各数据 2——数据说明。光标所在的资料说明，同时显示数值的输入范围 3——输入栏。变更光标所在的数据时，在此输入新的数值并按下【Enter】 例如利用【编辑】修改程序中第3步的速度、插补种类 4——查找。进行应用命令的查找 5——剪切。剪切（删除）所选的行。剪切的行可用【粘贴】插入任意位置 6——复制。复制所选的行。复制的行可用【粘贴】插入任意位置 7——粘贴。剪切或复制的行可以插入同样程序内任意位置，但无法粘贴到其他程序 8——取消。不反映修正而使程序编辑结束。此外，将剪切或复制的操作在中途取消。【复位/R】键也具有同样功能 9——写入。存储修正结果，结束程序编辑 10——顺方向粘贴。切换粘贴时的方向。选择【逆方向】时，剪切或复制的多行数据以逆序粘贴 11——画面拆分。将画面拆分为上下两部分。操作对象画面的切换，以关闭/画面移动进行 12——步骤保留。通常，结束屏幕编辑时，步骤自动回到屏幕编辑启动前的步骤。一边按住【动作可能】一边按下此键，保留屏幕编辑时的步骤而回到程序画面（也进行写入）。屏幕编辑时可用来找出成为前进、后退检查运转的目标步骤等，十分方便。但此时显示步骤与实际的机器人步骤有差异。因而在其后的前进、后退检查操作时，需要引起注意 13——查找方向。切换查找方向为上或下 2）进行必要的编辑操作： 将光标移至所要的位置，依照【数据说明栏】所显示提示信息，在【输入】栏输入新的数值并按下【Enter】键。程序清单所显示内容变为所输入的新数字。此时，程序内容尚未被改写 3）反映变更时，按下【f12】<写入>，或再次按下【编辑】。更新程序内容，屏幕编辑功能结束而回到原来的画面。若不反映变更而结束，则按下【复位/R】键

六、移动示教实例

示教图3-14所示的轨迹，要求机器人工具tool1（焊枪）移动到指定的位置（p20），完成直线p20至p30，圆弧点p60、p80、p90、p100、p60的轨迹示教，最后机器人工具tool1（焊枪）回到原点"jpos10"位置。

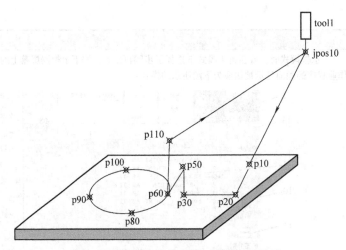

图3-14　机器人示教直线、圆弧轨迹作业

1. 该实例程序编写及注释

程序	注释
1　100%　JOINT　A1　T1	记录机器人工具tool1处于"jpos10"位置
2　100%　JOINT　A1　T1	以"JOINT"插补种类将机器人工具tool1移动至"p10"位置并记录
3　100%　JOINT　A1　T1	以"JOINT"插补种类将机器人工具tool1移动至"p20"位置并记录
4　500cm/m　LIN　A1　T1	以"LIN"插补种类将机器人工具tool1移动至"p30"位置并记录
5　100%　JOINT　A1　T1	以"JOINT"插补种类将机器人工具tool1移动至"p50"位置并记录
6　100%　JOINT　A1　T1	以"JOINT"插补种类将机器人工具tool1移动至"p60"位置并记录
7　500cm/m　CIR1　A1　T1	以"CIR"插补种类将机器人工具tool1移动至"p80"位置并记录
8　500cm/m　CIR2　A1　T1	以"CIR"插补种类将机器人工具tool1移动至"p90"位置并记录
9　500cm/m　CIR3　A1　T1	以"CIR"插补种类将机器人工具tool1移动至"p100"位置并记录
10　500cm/m　CIR4　A1　T1	以"CIR"插补种类将机器人工具tool1移动至"p60"位置并记录
11　100%　JOINT　A1　T1	以"JOINT"插补种类将机器人工具tool1移动至"p110"位置并记录
12　100%　JOINT　A1　T1	以"JOINT"插补种类将机器人工具tool1移动至"jpos10"位置并记录
13　END	程序以"END"结束

2. 注意事项

1）移动机器人各轴时，速度不宜过快，否则机器人焊枪容易撞到人或者物体上。

2）编写移动程序中的直线或圆周速度也不能太快，速度太快会对机器人部件有所损害。

3）编写程序过程中，机器人焊枪姿态应该尽量与焊接时一致，养成良好习惯。

第4节 机器人弧焊示教

学习目标

1. 熟悉机器人弧焊的基本操作方法。

2. 掌握直线、圆弧焊接的示教及参数设置。

3. 能进行直线、圆弧的焊接示教。

4. 能进行摆动示教。

建议学时：4 学时

一、机器人弧焊的基本操作

1. 焊丝点动 / 退回

将焊接用焊丝从焊嘴伸出的动作称为点动，反向的缩进动作称为退回。运转准备的状态为 OFF 也无妨（不用握住 Deadman 开关）。除了机器人正在动作之外，示教模式或再生模式都可执行点动 / 退回。

焊丝点动 / 退回的操作方法见表 3-14。

表 3-14 焊丝点动 / 退回的操作方法

图示	操作方法
 点动 W1 Low	焊机开启状态下，按下示教器屏幕的【f 10】< 点动 > 图标。焊丝以低速自焊枪出来
 退回 W1 Low	退回时，按下示教器屏幕的【f 11】< 退回 >。焊丝以低速缩进焊枪
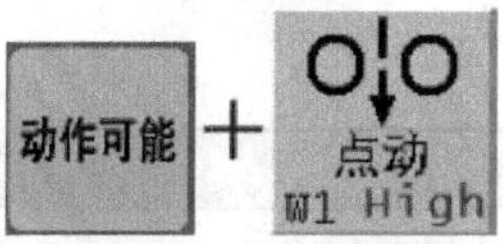 动作可能 + 点动 W1 High	以高速点动时，一边按住【动作可能】一边按下【f 10】< 点动 >。焊丝以高速自焊枪出来
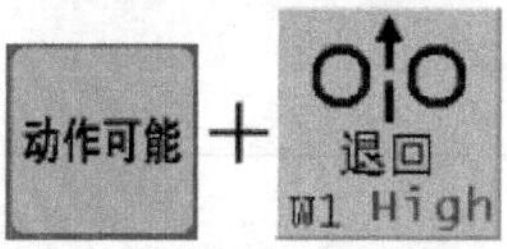 动作可能 + 退回 W1 High	以高速退回时，一边按住【动作可能】一边按下【f 11】< 退回 >。焊丝以高速缩进焊枪

2. 切换焊接投入 / 断开

出厂时一般将焊接设定成执行焊接。要暂时变为不焊接时，将"焊接投入 / 断开"切换为"断开（OFF）"。切换操作使用【f】键。不论示教模式还是再生模式,任何时候都可切换（即使在焊接区间的再生中也可切换）。

切换焊接投入 / 断开的操作方法见表 3-15。

表 3-15　切换焊接投入 / 断开的操作方法

图示	状态	内容
 ON 焊接 W1	焊接投入	投入自动运转时进行焊接
 OFF 焊接 W1	焊接断开	自动运转时不进行焊接
  输入 ON 焊接 W1　输入 OFF 焊接 W1	依照输入信号	依照来自外部输入的"焊接投入 / 断开"信号,决定焊接投入 / 断开。【f】键的显示依照"焊接投入 / 断开"信号的状态而变化

3. 检查保护气体

焊接所使用的保护气体是否被正确输出,可使用示教作业操纵按钮台加以检查。其操作方法见表 3-16。

表 3-16　检查保护气体的操作方法

图示	操作方法
 气体 W1	按下示教屏幕上的【f12】<气体>图标键,按住图标键的期间,保护气体被输出。要停止保护气体,松开【f12】<气体>图标键即可

4. 切换摆动运条投入 / 断开

焊接时,如果需要打开或关闭摆动,则可通过切换"横摆运条投入 / 断开"来实现,不论示教模式还是再生模式,任何时候都可切换（即使在横摆运条区间的再生中也可切换）。操作步骤及方法为按下示教屏幕上的【f3】<横摆运条投入 / 断开>图标键,每次按键,横摆运条投入 / 断开的状态切换见表 3-17。

表 3-17　横摆运条状态切换

显示	状态	内容
 ON 横摆运条 M1	横摆运条投入	进行横摆运条
 OFF 横摆运条 M1	横摆运条断开	不进行横摆运条
  输入 ON 横摆运条 M1　输入 OFF 横摆运条 M1	依照输入信号	依照自外部输入的"横摆运条投入 / 断开"信号,决定横摆运条投入还是断开。【f】键的显示依照"横摆运条投入 / 断开"信号的状态变化而变化

二、机器人弧焊示教步骤

1. 弧焊的示教

这里，以图 3-15 所示作业程序为例来示教焊接步进。示教操作仅在开始焊接的位置记录 AS，在结束焊接的位置记录 AE 即可。

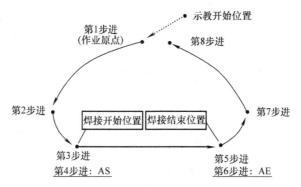

图3-15 示教焊接步进

该实例示教步骤见表 3-18。

表 3-18 焊接步进示教步骤

步骤	内容
1. 记录至焊接开始位置（至第3步进）	使用【轴操作键】（即手动操作），依次移动焊枪至第 1、2、3 步进，并分别记录 [1] 機器人程序　　　　　　　　　　　　　　　UNIT1 　　　100 %　JOINT A1 T1 0 [START] 1　100 %　　JOINT A1 T1 2　100 %　　JOINT A1 T1 3　100 %　　JOINT A1 T1 [EOF]
2. 显示焊接开始 AS、焊接结束 AE 指令，并调入	一边按住【动作可能】一边按下示教器键盘数字键【4】，焊接开始、结束即被显示出来（也可以按【FN】→"414"→【Enter】来选择）。接着利用示教器面板上的箭头键选择"焊接开始"或"焊接结束"即可调入相应指令 FN 功能记录状态 分类顺序　　●FN码　　○SLIM表示 功能一览表 FN410 点动　　　　　　　　　ICH FN411 退回　　　　　　　　　RTC FN412 气体ON　　　　　　　　GS FN413 气体OFF　　　　　　　 GE FN414 焊接开始　　　　　　　AS FN415 焊接结束　　　　　　　AE FN665 焊接开始（可变量）　　ASV FN666 焊接结束（可变量）　　AEV 应输入功能号码或配合光标按下Enter键。

（续）

步骤	方法
3.设置焊接参数	调入"焊接开始"指令的同时，系统会自动弹出焊接参数设置对话框，根据需要，设置相应的焊接参数，并单击写入，焊接参数即可设定完毕 AS焊接开始 2/2 UNIT1 电焊机 1:WID01 DM 焊接电流 150 A　电焊丝进给速度 1010 cm/m 焊接电压 18.0 V　焊接速度 80 cm/m 电弧特性 0 　　　　　　指令值　推荐值 减速速度 120　120 cm/m 启动电流 500　500 A 开始时间 5　5 ms 斜坡时间 0.0 s 初始焊接电流 150 A　初始电焊丝进给速度 1010 cm/m 初始焊接电压 18.0 V 输入焊接电流。〔 1 - 350〕 写入
4.记录"第3步进"至"第5步进"的直线部分	使用【轴操作键】（即手动操作），移动焊枪至第5步进，并记录 [1] 机器人程序 UNIT1 7200 cm/m LIN A1 T1 0 [START] 1 100 % JOINT A1 T1 2 100 % JOINT A1 T1 3 100 % JOINT A1 T1 4 AS[W1,无,00,150A,18.0V, 80cm/m,DC →] 5 7200 cm/m LIN A1 T1 [EOF]
5.添加"焊接结束"指令，完成直线部分的焊接	一边按住【动作可能】一边按下示教器键盘数字键【4】，焊接开始、结束即被显示出来（也可以按【FN】→"414"→【Enter】来选择）。接着利用示教器面板上的箭头键选择"焊接开始"或"焊接结束"即可调入相应指令 [1] 机器人程序 UNIT1 7200 cm/m LIN A1 T1 0 [START] 1 100 % JOINT A1 T1 2 100 % JOINT A1 T1 3 100 % JOINT A1 T1 4 AS[W1,无,00,150A,18.0V, 80cm/m,DC →] 5 7200 cm/m LIN A1 T1 6 AE[W1,无,150A,18.0V,0.0s,0.0s,DC →] [EOF]
6.记录焊枪回至原点"第8步进"	使用【轴操作键】（即手动操作），移动焊枪至"第7步进""第8步进"，并分别记录 [1] 机器人程序 UNIT1 100 % JOINT A1 T1 0 [START] 1 100 % JOINT A1 T1 2 100 % JOINT A1 T1 3 100 % JOINT A1 T1 4 AS[W1,无,00,150A,18.0V, 80cm/m,DC →] 5 7200 cm/m LIN A1 T1 6 AE[W1,无,150A,18.0V,0.0s,0.0s,DC →] 7 100 % JOINT A1 T1 8 100 % JOINT A1 T1 9 END FN92:终端 [EOF]

至此，该直线的焊接示教完毕

2. 横摆运条的示教

以图 3-16 所示的直线焊接示教为例，说明加入横摆运条的示教。其步骤见表 3-19。

表 3-19 横摆动运条示教

步骤	方法
1. 在"第4步进"的位置插入焊接横摆运条指令	一边按住【动作可能】一边按下示教器键盘数字键【5】，焊接摆动选项即被显示出来（也可以按【FN】→"440"→【Enter】来选择）。接着利用示教器面板上的箭头键选择"固定型横摆运条"或"横摆运条结束"即可调入相应指令 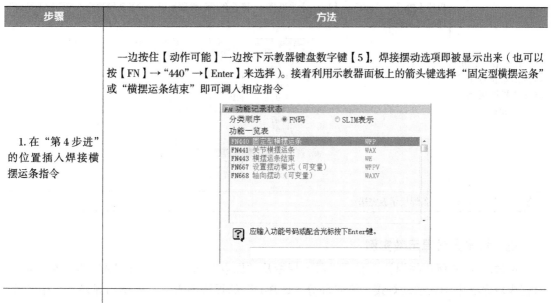
2. 设置焊接横摆参数	调入"固定型横摆运条"指令的同时，系统会自动弹出摆动参数设置对话框，根据需要，设置相应的摆动参数，并单击【写入】，摆动参数即可设置成功并插入 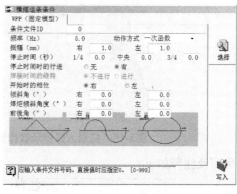 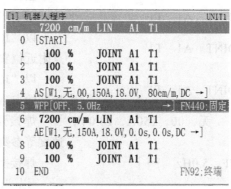

（续）

步骤	方法
3.在"第6步进"焊接结束位置下方添加"横摆运条结束"，结束摆动	一边按住【动作可能】一边按下示教器键盘数字键【5】，焊接摆动选项即被显示出来（也可以按【FN】→"440"→【Enter】来选择）。接着利用示教器面板上的箭头键选择"横摆运条结束"即可调入指令 [1] 机器人程序 UNIT1 7200 cm/m LIN A1 T1 0 [START] 1 100 % JOINT A1 T1 2 100 % JOINT A1 T1 3 100 % JOINT A1 T1 4 AS[W1,无,00,150A,18.0V, 80cm/m,DC →] 5 WFP[OFF, 5.0Hz →] FN440;固定 6 7200 cm/m LIN A1 T1 7 AE[W1,无,150A,18.0V,0.0s,0.0s,DC →] 8 WE FN443;横摆 9 100 % JOINT A1 T1 10 100 % JOINT A1 T1

至此，该直线的摆动运条焊接示教完毕

三、机器人弧焊示教实例

示教图 3-16 所示的焊缝，要求机器人焊枪从"原点"出发，移动至"A"点，在"A-B"的直线段焊缝中加入摆动焊接，圆弧部分"C-B-D"的焊段不需要加入摆动焊接。焊接参数、摆动参数根据实际情况设定。

图3-16 机器人弧焊示教作业

该实例例程序编写及注释如下：

程序	注释
1 100% JOINT A1 T1	记录机器人处于"原点"位置
2 100% JOINT A1 T1	以"JOINT"插补种类将机器人移动至 A 点附近位置并记录
3 100% JOINT A1 T1	以"JOINT"插补种类将机器人移动至焊接开始点 A 的位置并记录
4 AS［W1, 无，00，150A，18.0V，80cm/m，DC］	焊接开始（设置焊接电流、电压、焊丝速度等参数）
5 WFP［OFF，5.0Hz →］	焊接摆动开始
6 500cm/m LIN A1 T1	以"LIN"插补种类将机器人移动至焊接结束 B 点的位置并记录

7　AE〔W1，　无，00，150A，18.0V，80cm/m，DC〕	焊接结束（设置焊接电流、电压、停留时间等参数）
8　WE	焊接摆动结束
	以"JOINT"插补种类将机器人移动至圆弧焊接C点附近并记录
9　100%　JOINT　A1　T1	
	以"JOINT"插补种类将机器人移动至C位置并记录
10　100%　JOINT　A1　T1	
11　AS〔W1，　无，00，150A，18.0V，80cm/m，DC〕	焊接开始（设置焊接电流、电压、焊丝速度等参数）
	以"CIR"插补种类将机器人移至圆弧C和D的中间位置并记录
12　500cm/m　CIR1　A1　T1	
	以"CIR"插补种类将机器人移动至D点位置并记录
13　500cm/m　CIR2　A1　T1	
14　AE〔W1，　无，00，150A，18.0V，80cm/m，DC〕	焊接结束（焊接电流、电压、停留时间等参数）
	以"JOINT"插补种类将机器人tool1移动至A位置并记录
15　100%　JOINT　A1　T1	
	以"JOINT"插补种类将机器人tool1移动至"jpos10"位置并记录
16　100%　JOINT　A1　T1	
17　END	程序以"END"结束

练习与思考

1.OTC机器人动作坐标系、工具坐标系和机器坐标系有什么不同？

2.如何快速移动机器人到指定的位置点？

3.示教图3-17所示长方体顶面四边轮廓轨迹，要求焊枪从"原点"分别移至A、B、C、D点，最后回到A点。焊枪移动到A、B、C、D、A各点时垂直于长方体顶面；JOINT速度设定为50%，LIN速度设定为200cm/m。

4.同一个焊接构件中，如果有几道焊缝，每道焊缝的焊接参数都不同的时候，如何分别设置不同的焊接参数？

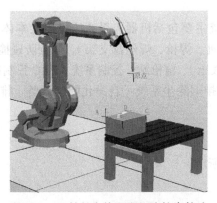

图3-17　示教长方体顶面四边轮廓轨迹

第4章
CHAPTER 4

FANUC机器人操作与编程

第1节　FANUC机器人简介

学习目标

1. 认识 FANUC 弧焊机器人系统的组成。
2. 熟悉示教器按键的功能。
3. 熟悉控制器上开关、按键的功能。
4. 掌握机器人的启动方式。

建议学时：2 学时

一、FANUC机器人概述

1. 机器人本体

机器人是由通过伺服电动机驱动的轴和手腕构成的机构部件。手腕叫作手臂，手腕的接合部叫作轴或者关节。最初的 3 轴（J1、J2、J3）叫作基本轴。机器人的基本组成如图 4-1 所示。

手腕轴对安装在法兰盘上的末端执行器（工具）进行操控，如进行扭转、上下摆动、左右摆动之类的动作。

2. 弧焊机器人系统组成

FANUC 弧焊机器人系统主要包括机器人系统（机器人本体、机器人控制柜、示教盒）、弧焊电源系统（焊机、送丝机、焊枪、焊丝盘支架）、焊枪防碰撞传感器、变位机、焊接工装系统（机械、电控、气路 / 液压）、清枪站、控制系统（PLC 控制柜、操作台）、安全系统（围栏、安全光栅、安全锁）和排烟除尘系统（自净化除尘设备、排烟罩、管路）等。弧焊机器人系统如图 4-2 所示。

二、机器人示教器

机器人示教器如图 4-3 所示。

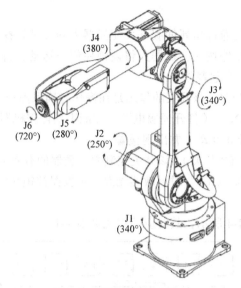

图4-1 机器人的基本构成

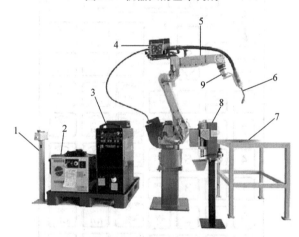

图4-2 弧焊机器人系统

1—按钮站 2—机器人控制柜 3—焊接电源 4—送丝机 5—机器人本体 6—专用焊枪 7—工作平台（定制或自备）
8—清枪站（选配） 9—防碰撞传感器

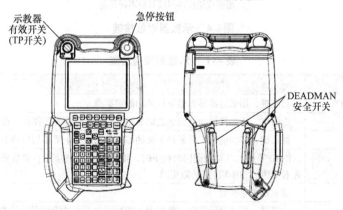

图4-3 机器人示教器

1. 安全保护开关

（1）急停按钮 该开关通过切断伺服开关使机器人和外部轴操作立刻停止。若出现突发紧急情况，及时按下红色急停按钮，机器人将被锁住停止运动，待危险或报警解除后，顺时针旋转按钮，该按钮将自动弹起释放。

（2）DEADMAN 安全开关 该开关的作用是在操作时确保操作者安全。当示教器有效时，轻按一个或两个 DEADMAN 开关打开伺服电源，才能手动操作机器人；当开关被释放时，切断伺服开关，机器人立即停止运动，并出现报警。

（3）示教器有效开关（TP 开关） 该开关控制着示教器的有效或无效。当开关拨到"ON"时示教器有效；当开关拨到"OFF"时示教器无效（示教器被锁住将无法使用）。

2. 按键功能

示教器面板按键如图 4-4 所示，其对应的功能见表 4-1。

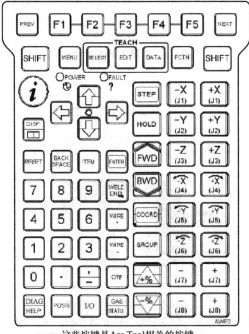

这些按键是 Arc Tool 相关的按键，
根据应用程序不同对应不同功能

图4-4 示教器面板按键

表 4-1 示教器按键功能

按键	功能
F1、F2、F3、F4、F5	功能键，用来选择屏幕最下行的功能键菜单
PREV	返回键，将屏幕界面返回到之前显示的界面。根据实际操作，在某些情况下不会返回
NEXT	翻页键，将功能键（屏幕最下面的那一行功能键）菜单切换到下一页
SHIFT	[SHIFT] 键与其他按键同时按下时，可以进行运动进给、位置数据的示教、程序的启动。左右两边的 [SHIFT] 键功能相同
MENU	显示出菜单画面
SELECT	一览键，用来显示程序一览画面（即显示出编写过的程序名列表）
EDIT	编辑键，用来显示程序编辑画面（即进入最近一次打开的程序内）

（续）

按键	功能
DATA	数据键，用来显示数据画面（按 [F1] 键即可查看数据列表）
FCTN	辅助键，用来显示辅助菜单（一般终止程序的时候会用到）
DISP/ ▢	画面切换键（先按下 [SHIFT] 键使用），分割屏幕（单屏、双屏、三屏、状态 / 单屏）
↑、↓、←、→	光标键，用来移动光标（光标是指可在示教操作盘画面上移动的黑色标志）
RESET	报警消除键可以消除示教器异常
BACK SPACE	删除键，用来删除光标位置之前一个字符或数字
ITEM	项目选择键，按下此键然后输入相应的行号即可快速地将光标移动到该行
ENTER	确认键，一般在输入数值后需要按此键进行确认，选择需要的菜单后按此键进入菜单内
WELD ENBL	切换焊接的有效 / 无效（先按下 [SHIFT] 键使用）。单独按下此键将显示测试执行和焊接画面
WIRE+	手动往前送丝
WIRE−	手动往回抽丝
OTF	显示焊接微调整画面（不常用）
DIAG/HELP	诊断 / 帮助键。显示系统版本（先按下 [SHIFT] 键使用）。单独按下此键将移动到报警画面
POSN	位置显示键，显示当前机器人所处位置坐标（当坐标系为关节坐标系时显示各个轴的关节角度，当坐标系为世界坐标系时显示 TCP 在世界坐标系下的直角位置）
I/O	输入 / 输出键，用来显示 I/O 画面
GAS/STATUS	气检（先按下 [SHIFT] 键使用）。单独按下此键将显示焊接状态画面
STEP	单步模式与连续模式切换键，用于编程时一步一步地运行已编好的程序
HOLD	暂停键，用来暂停正在运行的程序
FWD、BWD	前进键、后退键（先按下 [SHIFT] 键使用），用于程序的启动。FWD 为正向执行，BWD 为倒退执行
COORD	切换坐标系。一般进行世界坐标系和关节坐标系的切换，多次按动将在各种坐标系之间进行循环
+%、−%	倍率键，用来进行速度倍率的变更
+X、+Y、+Z、−X、−Y、−Z	JOG 键即运动键（先按下 [SHIFT] 键使用），用于编程时手动移动机器人

3. 示教器的显示屏

（1）示教器画面　示教器画面各位置显示含义如图 4-5 所示。

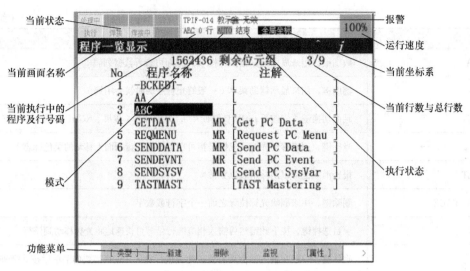

图4-5　示教器画面各位置显示含义

（2）状态窗口　示教器显示画面的上部窗口叫作状态窗口，如图4-6所示，包括8个软件 LED 显示、报警显示、倍率值显示。8个软件 LED 显示的含义见表4-2，带有图标的显示表示 "ON"，不带图标的显示表示 "OFF"。

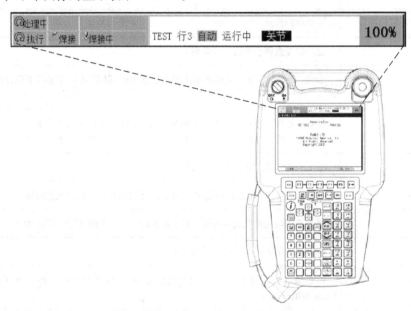

图4-6　状态窗口

表 4-2　8 个软件 LED 显示的含义

显示 LED	含义	显示 LED	含义
处理中	绿色时表示机器人正在运行	执行	绿色时表示正在执行程序
单步	黄色时表示单步执行模式下	焊接	绿色时表示焊接打开
暂停	红色时表示处于暂停阶段	焊接中	绿色时表示正在进行焊接
异常	红色时表示发生了异常	空转	这是应用程序固有的 LED

4. 示教器 LED 指示灯

示教器上有 2 个 LED 指示灯见图 4-7，其中 POWER（电源）绿灯表示控制装置的电源接通，FAULT（报警）红灯表示发生了报警。

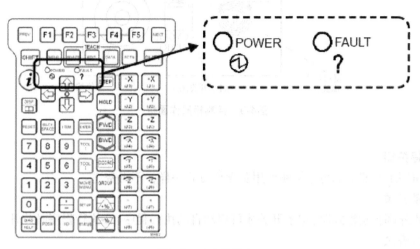

图4-7 LED指示灯

三、机器人控制装置

机器人控制装置由电源装置、用户接口电路、动作控制电路、存储电路、I/O 电路等构成，如图 4-8 所示。

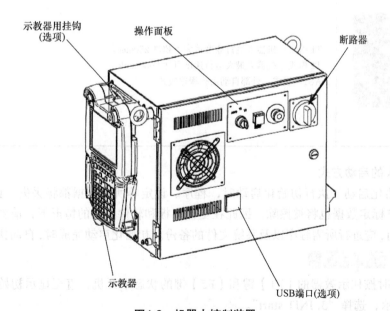

图4-8 机器人控制装置

控制柜操作面板上附带有几个按钮、开关、连接器等，用来进行程序的启动、报警的解除等操作，如图 4-9 所示。

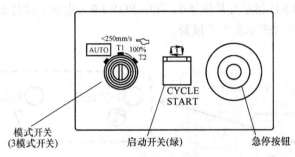

图4-9 控制柜操作面板

1. 急停按钮
此按钮同示教器上的急停按钮作用及操作方式一样，不再赘述。
2. 启动开关
在采用外部自动模式时，按下开关才可启动自动执行程序，在执行程序时此开关绿灯亮起。
3. 模式开关
选择对应机器人的动作条件和适当的操作方式，模式开关及介绍见表4-3。

表4-3 模式开关及介绍

图示	模式
	T1 模式：机器人运行速度最大不超过 250mm/s T2 模式：机器人最大运行速度可达 2000mm/s AUTO 模式：外部自动运行程序模式

4. 机器人的启动方式
（1）初始化启动　执行初始化启动时，程序、设定等所有数据都将丢失。此外，出厂时所设定的零点标定数据也将被擦除。因此在更换主板和软件以外的情形下，请勿执行。此外，初始化启动前，应进行所需程序以及系统文件的备份。初始化启动完成时，自动执行控制开机。

初始化启动步骤如下：

1）在同时按住示教器的【F1】键和【F5】键的状态下开机，直至显示初始化启动页面，如图 4-10 所示，选择 "3. INIT start"。

2）要确认初始化启动的启动情况时，输入 1（YES）。

3）初始化启动完成时，自动执行控制开机，显示控制开机菜单。

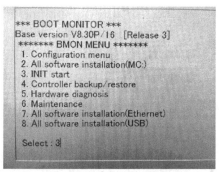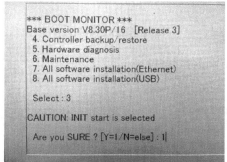

图4-10　初始化启动页面

（2）控制启动　执行控制启动时，虽然不能通过控制启动菜单来进行机器人的操作，但是可以进行通常无法更改的系统变量的更改、系统文件的读出及机器人的设定等操作。

控制启动步骤：在同时按住示教器的【F1】键和【F5】键的状态下开机，直至显示配置菜单页面，然后选择"3. Controlled start"，如图4-11所示。

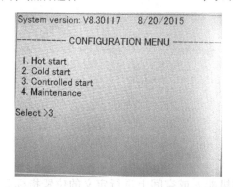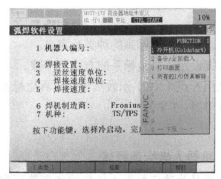

图4-11　选择控制启动

（3）冷启动　冷启动是在停电处理无效的情况下执行通常的通电操作时使用的一种开机方式。冷启动执行如下处理：

1）数字I/O、模拟I/O、机器人I/O、组I/O的输出成为OFF或者0（零）。

2）程序的执行状态"结束"，当前行返回程序的开头。

3）速度倍率返回初始值。

4）手动进给坐标系成为关节坐标系。

冷启动步骤为：在同时按住示教器的【PREV】（返回）键和【NEXT】（下一页）键的状态下开机，直至显示配置菜单页面，然后选择"2. Cold start"，如图4-12所示。

（4）热启动　热开机，是在停电处理有效时，执行通常的通电操作所使用的一种开机方式。热开机执行如下处理：

1）数字I/O、模拟I/O、机器人I/O、组I/O的输出成为与电源切断时相同的状态。

2）程序的执行状态，成为与电源切断时相同的状态。切断电源时，程序正在执行的情况下进入"暂停"状态。

3）速度倍率、手动进给坐标系、机床锁住成为与电源切断时相同的状态。

热启动步骤为：在同时按住示教器的【PREV】（返回）键和【NEXT】（下一页）键的状

态下开机，直至显示配置菜单页面，然后选择"1. Hot start"，如图 4-13 所示。

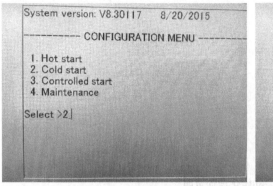

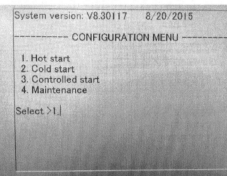

图4-12 选择冷启动　　　　　图4-13 选择热启动

第2节　FANUC机器人坐标系

学习目标

1. 了解机器人坐标系的种类及定义。
2. 掌握设定工具坐标系的方法及步骤。
3. 能用 6 点（XZ）示教法设定工具坐标系。

建议学时：3 学时

一、机器人坐标系概述

坐标系是为确定机器人的位置和姿势而在机器人或空间上进行定义的位置指标系统。机器人示教坐标系有关节坐标系、直角坐标系、工具坐标系和其他坐标系。机器人常用示教坐标系如图 4-14 所示。常用三种示教坐标系的介绍见表 4-4。

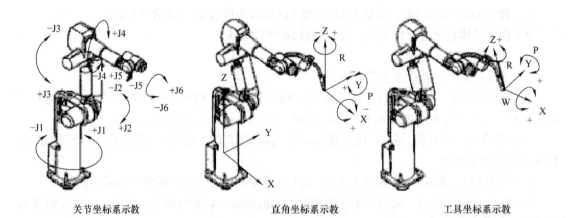

关节坐标系示教　　　　　直角坐标系示教　　　　　工具坐标系示教

图4-14　机器人常用示教坐标系

表 4-4　机器人常用示教坐标系的介绍

坐标系	定义
关节坐标系示教	通过示教器上相应的键转动机器人的各个轴进行示教
直角坐标系示教	沿着笛卡儿坐标系的轴直线移动机器人，分两种坐标系： 1）世界坐标系（World）：机器人缺省坐标系 2）用户坐标系（User）：用户自定义坐标系
工具坐标系示教	沿着当前工具坐标系直线移动机器人，工具坐标系是匹配在工具方向上的笛卡儿坐标系

设置示教模式，按住示教器上的【COORD】键进行选择，切换顺序依次为：关节→手动→世界→工具→用户→路径→关节。

1. 关节坐标系

关节坐标系是设定在机器人关节中的坐标系，即为每个轴相对原点位置的绝对角度。关节坐标系中机器人的位置和姿势，以各关节的底座侧的关节坐标系为基准来确定。

当处于关节坐标系时，点按【JOG】键，单一的某一个轴在运动。有时在世界坐标系下处于限位状态时，需要切换到关节坐标系调整某一轴越过限位点。图4-15 所示的关节坐标系的关节处是所有轴都为 0° 的状态。

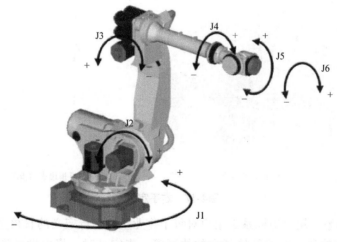

图4-15　关节坐标系

2. 直角坐标系

直角坐标系是沿着笛卡儿坐标系的轴直线移动机器人，它又分为两种坐标系：世界坐标系（World），即机器人缺省（默认）坐标系。用户坐标系（User），即用户自定义的坐标系。

（1）世界坐标系　如图 4-16 所示，是被固定在空间上的标准直角坐标系，其被固定在由机器人事先确定的位置。用户坐标系基于该坐标系而设定。它用于位置数据的示教和执行。

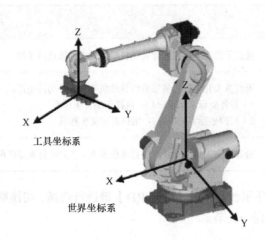

图4-16　世界坐标系

一般是在世界坐标系下进行编程示教和实际生产，世界坐标系符合右手定则：

1）手拿示教器站在工业机器人正前方。

2）背向机器人，举起右手于视线正前方摆手势，如图 4-17a 所示。

3）由此可得食指所指方向即为世界坐标系坐标轴 X+ 方向，中指所指方向即为世界坐标系坐标轴 Y+ 方向，拇指所指方向即为世界坐标系坐标轴 Z+ 方向，如图 4-17b 所示。

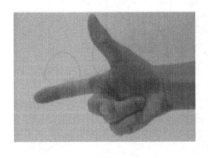
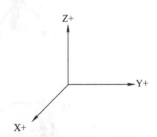

a) 右手手势　　　　　　　　　　　　b) 右手各手指代表的指向

图4-17　右手定则

（2）用户坐标系　用户坐标系是用户对每个作业空间进行定义的直角坐标系。它用于位置寄存器的示教和执行，位置补偿指令的执行等。未定义时，将由世界坐标系来替代该坐标系。

注意，在程序示教后改变了工具或用户坐标系的情况下，必须重新设定程序的各示教点和范围，否则有可能会损坏装置。

3. 工具坐标系

工具坐标系如图 4-18 所示，是把机器人腕部法兰盘所握工具的有效方向定为 Z 轴，把坐标定义在 TCP，所以工具坐标系的方向随腕部的移动而发生变化。

工具坐标系的移动，以工具的有效方向为基准，与机器人的位置、姿势无关，所以在进行相对于工件不改变工具姿势的平行移动操作时最为适宜。

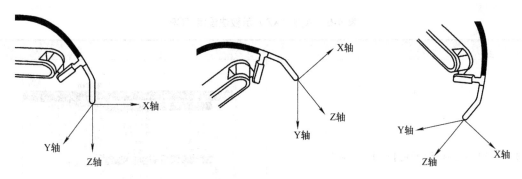

图4-18　工具坐标系

建立了工具坐标系后，机器人的控制点也转移到了工具的尖端点上，这样示教时可以利用控制点不变的操作方便地调整工具姿态，并可使插补运算时轨迹更为精确。所以，不管是什么机型的机器人，用于什么用途，只要安装的工具有个尖端中心点，在示教程序前务必要准确地建立工具坐标系。

工具坐标系由 TCP 的位置（X，Y，Z）和工具的姿势（W，P，R）构成，如图 4-19 所示。TCP 的位置通过相对机械接口坐标系的工具中心点的坐标值（X，Y，Z）来定义。工具的姿势，通过机械接口坐标系的 X 轴、Y 轴、Z 轴周围的回转角（W、P、R）来定义。

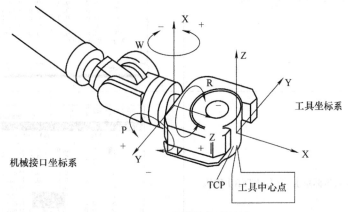

图4-19　工具坐标系的构成

二、设定工具坐标系（校正TCP）

在坐标系设定画面上进行定义，可定义 10 个工具坐标系，并可根据情况进行切换。设定工具坐标系的方法有：三点示教法（TCP 自动设定）；直接示教法；两点 + Z 值示教法；六点示教法（常用）

目前主要用六点示教法来设定工具坐标系（校正 TCP），因为六点法比较简便，同时校正精准度高，下面将详细介绍六点法校正 TCP。

1. 六点法校正 TCP

六点示教法又包括六点（XY）示教法和六点（XZ）示教法。两种示教法除 Z 轴方向和 Y 轴方向的区别外，设定步骤完全相同。下面以六点（XZ）示教法为例进行详细介绍。六点（XZ）示教法设定 TCP 见表 4-5。

表 4-5 六点（XZ）示教法设定 TCP

步骤	图示
1. 按【MENU】选择【设定】→【坐标系】	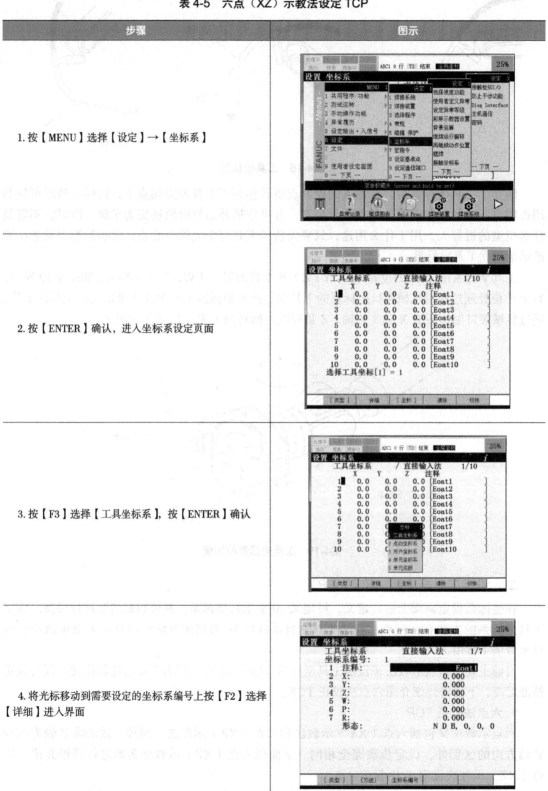
2. 按【ENTER】确认，进入坐标系设定页面	
3. 按【F3】选择【工具坐标系】，按【ENTER】确认	
4. 将光标移动到需要设定的坐标系编号上按【F2】选择【详细】进入界面	

（续）

步骤	图示
5. 按【F2】选择【方法】	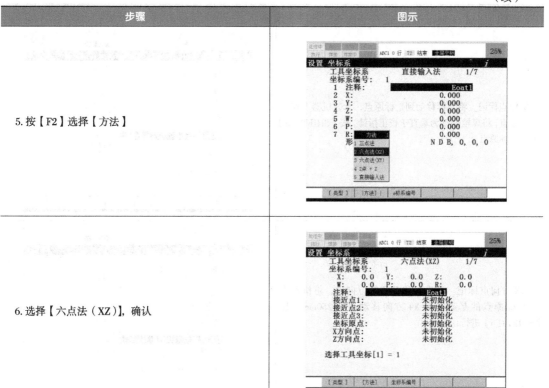
6. 选择【六点法（XZ）】，确认	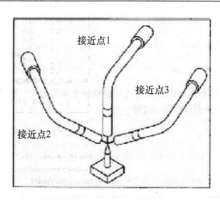
7. 三个接近点逐个标记。将机器人分别移动到如图所示三个位置，将光标移动到相应的接近点上，通过【SHIFT+F5】记录组合键分别记录接近点1、接近点2、接近点3，三个接近点之间焊枪倾角相差大于90° 且不能在一个平面上，记录成功时"未初始化"将会变为"已记录"，并且下方会显示"位置已经记录"	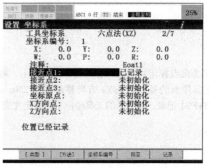

（续）

步骤	图示
8. 原点标记。将光标移动到坐标原点，示教机器人移到坐标原点，将焊枪调整为垂直于校正指针，按【SHIFT+F5】记录坐标原点	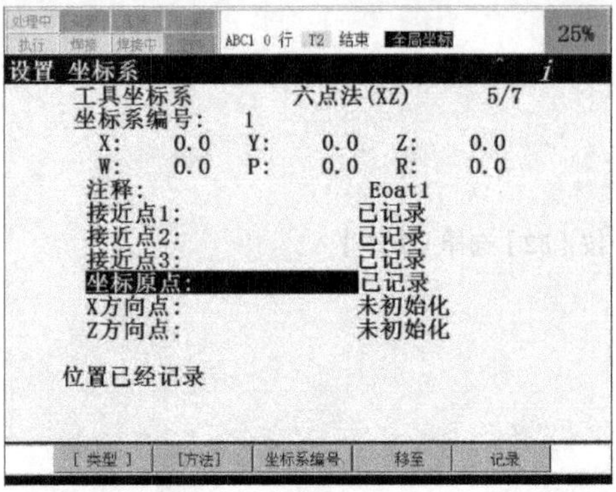 处理中 执行 焊接 焊接中　ABC1 0 行 T2 结束 全局坐标 25% 设置 坐标系　　　　　　　　　　　i 工具坐标系　　六点法(XZ)　5/7 坐标系编号：　1 X:　0.0　Y:　0.0　Z:　0.0 W:　0.0　P:　0.0　R:　0.0 注释：　　　　　　　　Eoat1 接近点1：　　　　　　　已记录 接近点2：　　　　　　　已记录 接近点3：　　　　　　　已记录 坐标原点：　　　　　　　已记录 X方向点：　　　　　　　未初始化 Z方向点：　　　　　　　未初始化 位置已经记录 [类型] [方法] 坐标系编号 移至 记录
9. X 方向点标记。将光标移动到 X 方向点，将机器人在坐标原点的基础上向 X+ 方向移动至少 250mm，按【SHIFT+F5】进行记录	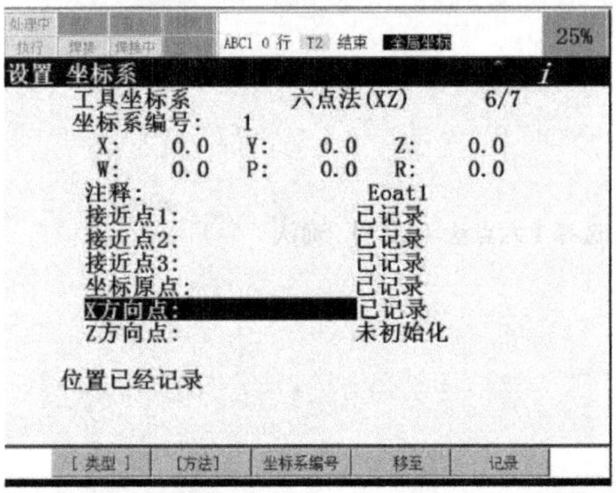 处理中 执行 焊接 焊接中　ABC1 0 行 T2 结束 全局坐标 25% 设置 坐标系　　　　　　　　　　　i 工具坐标系　　六点法(XZ)　6/7 坐标系编号：　1 X:　0.0　Y:　0.0　Z:　0.0 W:　0.0　P:　0.0　R:　0.0 注释：　　　　　　　　Eoat1 接近点1：　　　　　　　已记录 接近点2：　　　　　　　已记录 接近点3：　　　　　　　已记录 坐标原点：　　　　　　　已记录 X方向点：　　　　　　　已记录 Z方向点：　　　　　　　未初始化 位置已经记录 [类型] [方法] 坐标系编号 移至 记录
10. 回归坐标原点：将光标移动到坐标原点上，机器人自动移动到坐标原点位置	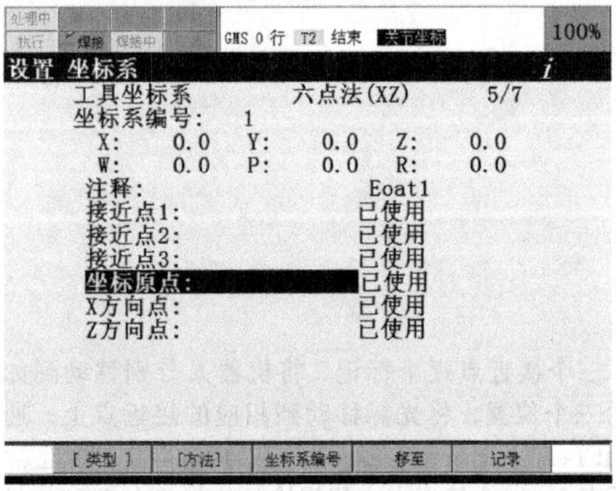 处理中 执行 焊接 焊接中　GMS 0 行 T2 结束 全局坐标 100% 设置 坐标系　　　　　　　　　　　i 工具坐标系　　六点法(XZ)　5/7 坐标系编号：　1 X:　0.0　Y:　0.0　Z:　0.0 W:　0.0　P:　0.0　R:　0.0 注释：　　　　　　　　Eoat1 接近点1：　　　　　　　已使用 接近点2：　　　　　　　已使用 接近点3：　　　　　　　已使用 坐标原点：　　　　　　　已使用 X方向点：　　　　　　　已使用 Z方向点：　　　　　　　已使用 [类型] [方法] 坐标系编号 移至 记录
11. Z 方向点标记：将光标移动到 Z 方向点上，将机器人在坐标原点的基础上向 Z+ 方向移动至少 250mm，按【SHIFT+F5】记录。此时新的工具坐标系已设定完成	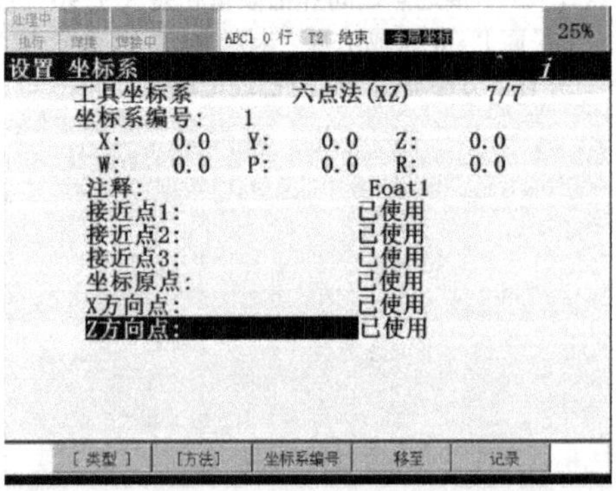 处理中 执行 焊接 焊接中　ABC1 0 行 T2 结束 全局坐标 25% 设置 坐标系　　　　　　　　　　　i 工具坐标系　　六点法(XZ)　7/7 坐标系编号：　1 X:　0.0　Y:　0.0　Z:　0.0 W:　0.0　P:　0.0　R:　0.0 注释：　　　　　　　　Eoat1 接近点1：　　　　　　　已使用 接近点2：　　　　　　　已使用 接近点3：　　　　　　　已使用 坐标原点：　　　　　　　已使用 X方向点：　　　　　　　已使用 Z方向点：　　　　　　　已使用 [类型] [方法] 坐标系编号 移至 记录

2. 检验新 TCP 的精准度

对新校正过的 TCP 的精准度进行检验，步骤见表 4-6。

表 4-6　检验新 TCP 的精准度

步骤	图示
1. 将光标移动到坐标原点上，按【SHIFT+F4】，机器人自动移动到坐标原点位置	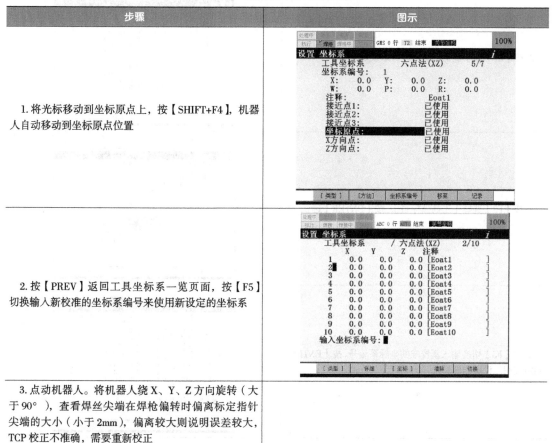
2. 按【PREV】返回工具坐标系一览页面，按【F5】切换输入新校准的坐标系编号来使用新设定的坐标系	
3. 点动机器人。将机器人绕 X、Y、Z 方向旋转（大于 90°），查看焊丝尖端在焊枪偏转时偏离标定指针尖端的大小（小于 2mm），偏离较大则说明误差较大，TCP 校正不准确，需要重新校正	

3. 切换工具坐标系

在操作机器人时，我们需要切换坐标系去完成机器人的各种操作，各坐标系的切换方法见表 4-7、表 4-8。

表 4-7　坐标系切换方法一

步骤	图示
1. 按【MENU】选择【设定】→【坐标系】	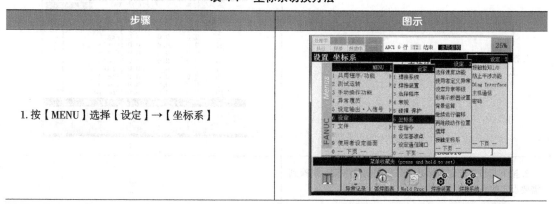

（续）

步骤	图示
2.按【ENTER】确认，进入坐标系设定页面	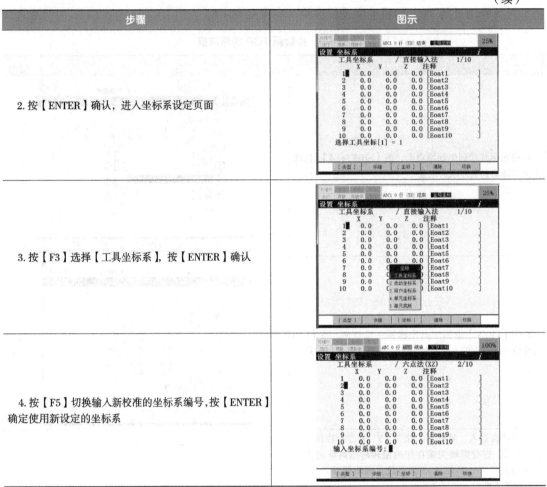
3.按【F3】选择【工具坐标系】，按【ENTER】确认	
4.按【F5】切换输入新校准的坐标系编号，按【ENTER】确定使用新设定的坐标系	

表 4-8　坐标系切换方法二

步骤	图示
1.按【SHIFT+COORD】	
2.按下与想要设定坐标系编号相同的数字键，切换到需要设定的坐标系	

第3节　机器人编程示教

学习目标

1. 掌握创建程序的基本方法。
2. 能对程序进行编辑。
3. 能使用常用的动作指令进行示教。
4. 能编一个移动程序并运行。

建议学时：4学时

一、程序的创建

创建程序首先要确定程序名，使用程序名来区别存储在控制装置存储器中的多个程序。程序创建方法见表4-9。注意，不能以空格、符号、数字作为程序名的开始字母。

表4-9　程序创建方法

步骤	图示
1. 按【SELECT】，进入程序一览主界面	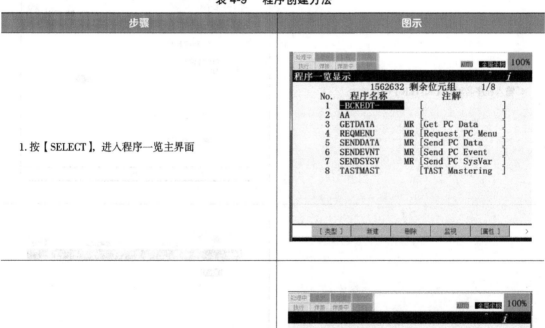
2. 按【F2】创建	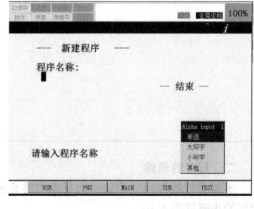

（续）

步骤	图示
3.按【↓】选择大写字命名方式。通过【F1】~【F5】键及数字键输入字符	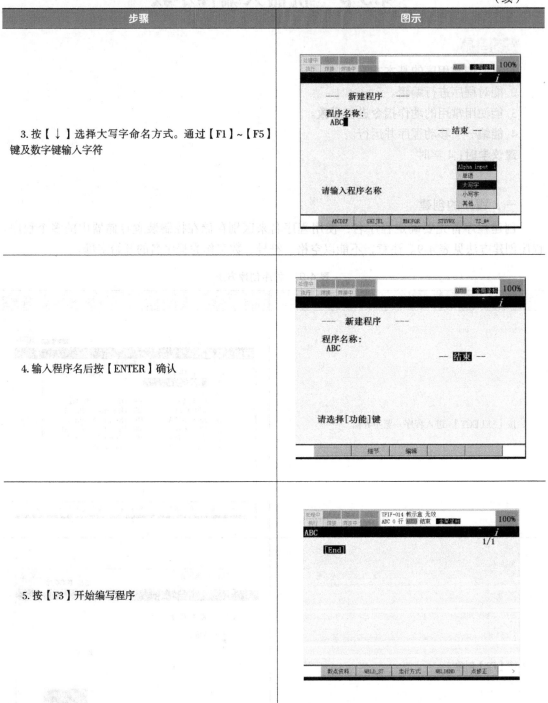
4.输入程序名后按【ENTER】确认	
5.按【F3】开始编写程序	

二、程序的删除

不需要的程序可以删除，但是没有终止的程序无法删除，删除时需要先终止程序。删除程序的步骤见表4-10。

表 4-10　删除程序的步骤

步骤	图示
1.在程序选择页面，将光标移至需要删除的程序"ABC"上	
2.按【F3】删除	
3.按【F4】选择"是"，程序"ABC"即删除	

三、程序的复制

程序的复制是将相同的内容复制到具有不同名称的程序中，程序的复制方法见表 4-11。

表 4-11　程序的复制方法

步骤	图示
1.在程序选择页面，将光标移至需要复制的程序名上	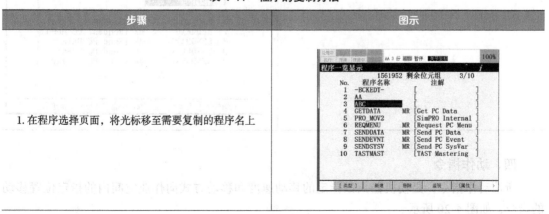

（续）

步骤	图示
2. 按【NEXT】翻页，显示下一页菜单栏，找到复制。按【F1】复制并新建复制的程序名	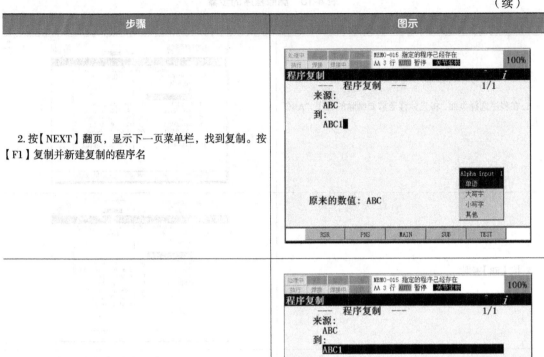
3. 按【ENTER】确认并按【F4】选择"是"	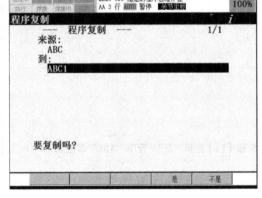
4. 程序"ABC"的内容即可完全复制到程序"ABC1"	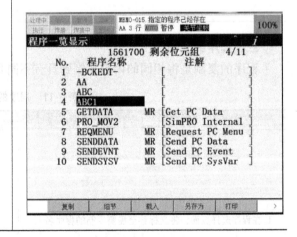

四、动作指令

所谓动作指令，是使机器人以指定的移动速度和移动方式向作业空间内的指定位置移动的指令，如图 4-20 所示。

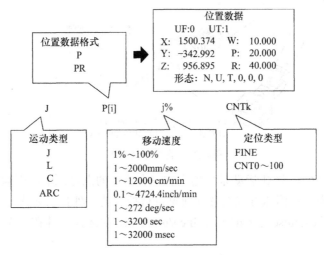

*根据机器人的机型，移动速度的最大值不同。

图4-20 机器人动作指令

1. 运动类型

运动类型指向指定位置的移动方式。动作类型有不进行轨迹控制和姿势控制的关节运动（J）、进行轨迹控制和姿势控制的直线运动（L）和圆弧运动（C）。

注："sec""inch""deg/sec"的正确用法分别为"s""in""(°)/s"，但为与编程软件保持一致，本书统一使用"sec""inch""deg/sec"等。

（1）关节运动（J） 关节运动是机器人在两个指定的点之间任意运动，移动中的刀具姿势不受控制，如图4-21所示。关节移动速度以相对最大移动速度的百分比来表示。机器人沿着所有轴同时加速，在示教速度下移动后，同时减速后停止。移动轨迹通常为非线性，在对结束点进行示教时记述动作类型。

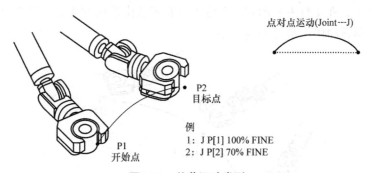

图4-21 关节运动类型

（2）直线运动（L） 直线运动是机器人在两个指定的点之间沿直线运动（见图4-22），以线性方式对从动作开始点到目标点的移动轨迹进行控制的一种移动方法，在对目标点进行示教时记述动作类型。直线移动速度的类型从 mm/sec、cm/min、inch/min、sec 中选择。

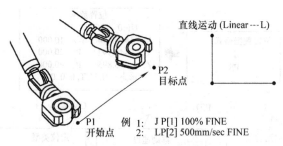

图4-22　直线运动类型

（3）圆弧运动（C）　圆弧运动是机器人在三个指定的点之间沿圆弧运动，从动作开始点经过经由点到目标点，以圆弧方式对移动轨迹进行控制的一种移动方法，如图4-23所示。圆弧移动速度的类型从 mm/sec、cm/min、inch/min、sec 中选择。其在一个指令中对经由点和目标点进行示教。

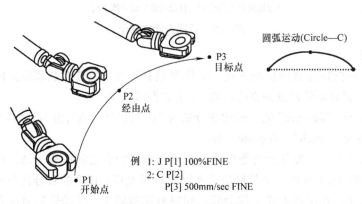

图4-23　圆弧运动类型

（4）C 圆弧动作（A）　圆弧动作指令下，需要在1行中示教2个位置，即经由点和终点，C 圆弧动作指令下，在1行中只示教1个位置，在连接由连续的3个C圆弧动作指令生成的圆弧的同时进行圆弧动作，如图4-24所示。

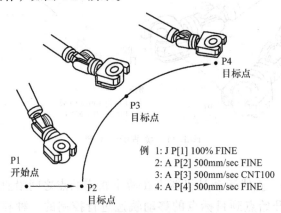

图4-24　C圆弧动作

动作类型切换步骤见表4-12。注意，移动速度单位切换、终止类型用同种方式进行调节。

表 4-12　动作类型切换步骤

步骤	图示
1.将光标移动到动作类型上	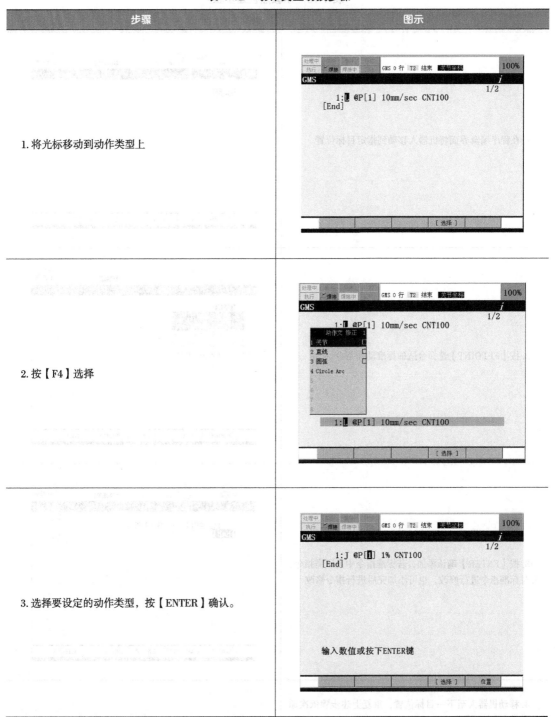
2.按【F4】选择	
3.选择要设定的动作类型，按【ENTER】确认。	

2. 示教点的创建

1）示教点创建步骤见表 4-13。

表 4-13 示教点创建步骤

步骤	图示
1. 在程序编辑界面将机器人移动到指定目标位置	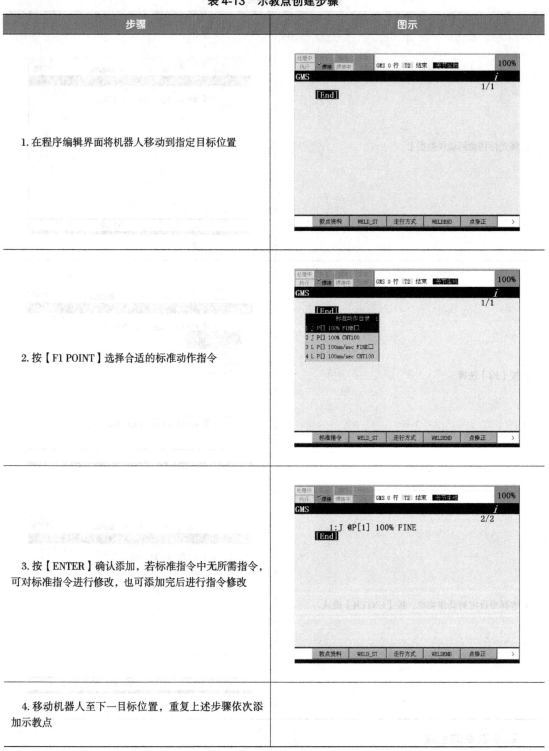
2. 按【F1 POINT】选择合适的标准动作指令	
3. 按【ENTER】确认添加，若标准指令中无所需指令，可对标准指令进行修改，也可添加完后进行指令修改	
4. 移动机器人至下一目标位置，重复上述步骤依次添加示教点	

2）修改标准动作指令步骤见表 4-14。

表 4-14　修改标准动作指令语句步骤

步骤	图示
1. 在程序编辑页面按【F1 POINT】显示标准动作指令页面	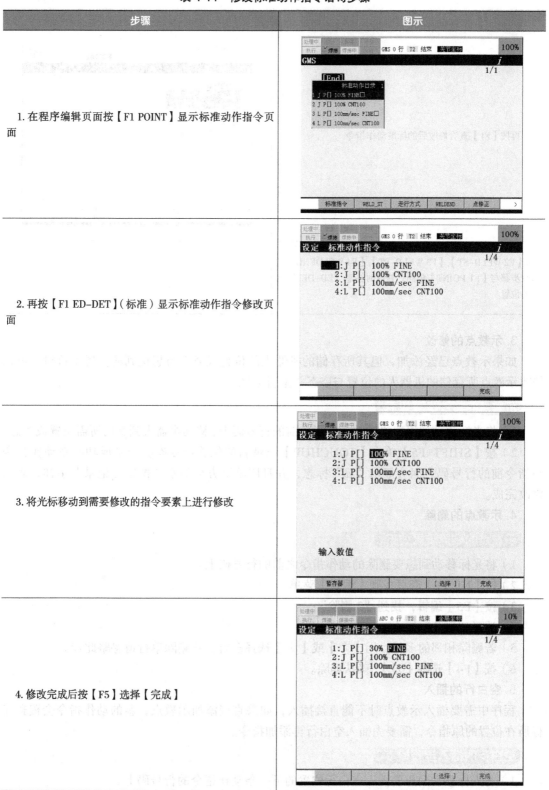
2. 再按【F1 ED–DET】（标准）显示标准动作指令修改页面	
3. 将光标移动到需要修改的指令要素上进行修改	
4. 修改完成后按【F5】选择【完成】	

（续）

步骤	图示
5. 再按【F1】查看修改后的标准动作指令	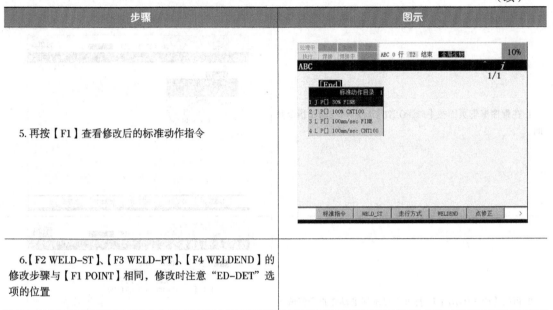
6.【F2 WELD-ST】、【F3 WELD-PT】、【F4 WELDEND】的修改步骤与【F1 POINT】相同，修改时注意"ED-DET"选项的位置	

3. 示教点的修改

如果示教点已经添加，但其所存储的机器人的位置或姿态与想达到的位置不符时，可以修改示教点所存储的机器人的位置与姿态并重新记忆。

示教点的修改步骤如下：

1）将光标移动到想要修改的动作指令前的行号码上，移动机器人到新的所需位置或姿态。

2）按【SHIFT+F5】单击【TOUCHUP】记录新的位置或姿态，记录成功时在动作指令与指令前的行号码之间会显示"@"标志，并且屏幕下方会显示"位置已记录"字样，表示修改完成。

4. 示教点的删除

示教点的删除步骤如下：

1）将光标移动到想要删除的动作指令之前的行号码上。

2）按【NEXT】翻页找到【编辑】菜单。

3）按【F5】编辑，找到"2 删除"。

4）选择"删除"按【ENTER】确认。

5）若删除相邻的多行，用【↑】或【↓】选择多行，若删除单行请忽略此步。

6）按【F4】选择【是】，确认删除。

5. 空白行的插入

程序中需要插入示教点时不能直接插入，如果直接添加示教点，新的动作指令会覆盖光标所在位置的原指令，需要先插入空白行再添加指令。

空白行的插入步骤如下：

1）将光标移动到想要插入空白行位置的下一条动作指令的行号码上。

2）按【NEXT】翻页，按【F5】编辑，找到"1 插入"。

3）选择"插入"，按【ENTER】。

4）输入要插入的空白行数。

5）按【ENTER】确认。

6. 执行程序

程序编写完毕并确认无误后，可以手动操作或自动执行程序。

（1）手动执行程序（搜索焊接参数和修点时使用该方法） 手动执行程序步骤如下：

1）握住示教器，将示教器的启用开关置于ON。

2）将单步执行设置为无效。按下【STEP】，使得示教器上的软件LED的"单步"成为绿色状态。

3）按下【倍率】，将速度倍率设置为100%。

4）将焊接状态设置为有效。在按住【SHIFT】的同时按下【WELD ENBL】，使得示教器上软键LED的"焊接"成为绿色状态。

5）向前执行程序。将光标移至程序第一行最左端，轻按背部一侧的安全开关，在按住【SHIFT】的同时按下【FWD】，向前执行程序。

（2）自动执行程序（批量生产） 自动执行程序步骤如下：

1）在所要执行的程序界面，将光标移至第一行程序的最左端，然后执行手动执行程序的第2）、3）、4）步。

2）将示教器的启用开关置于OFF，并将控制柜操作面板的模式选择开关置于AUTO。

3）按下【Reset】清除示教器报警，按下外部自动启动按钮，自动执行程序。

4）如果未自动执行程序，示教器界面显示提示页面，选择"是"，按下【ENTER】，然后再次按下外部自动启动按钮。

7. 终止类型（FINE&CNT）

终止类型一般包括FINE和CNT，FINE和CNT的区别（起弧和熄弧的时候终止类型必须是FINE）如图4-25所示。

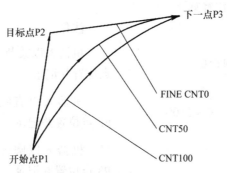

图4-25　FINE和CNT的区别

它们的作用及注意事项如下：

1）绕过工件的运动使用CNT作为运动终止类型，可以使机器人的运动更连贯。

2）当机器人手爪的姿态突变时，会浪费一些运行时间。当机器人手爪的姿态逐渐变化时，机器人可以运动得更快。

3）用一个合适的姿态示教开始点。

4）用一个和示教开始点差不多的姿态示教最后一点。

5）在开始点和最后一点之间示教机器人。观察机器人手爪的姿态是否逐渐变化。

6）不断调整，尽可能使机器人的姿态不要突变。

注意，当运行程序机器人走直线时，有可能会经过奇异点，这时有必要使用附加运动指令或将直线运动方式改为关节运动方式。

五、移动示教实例

创建一个程序，在程序中示教的机器人移动轨迹，如图4-26所示，要求机器人从原点HOME 移动至 P1-P2 直线点，并经过 P3-P4 圆弧点，最后回到机器人原点 HOME 点，速度设置为空中运动速度不大于 50%，直线、圆弧部分为 8mm/sec。

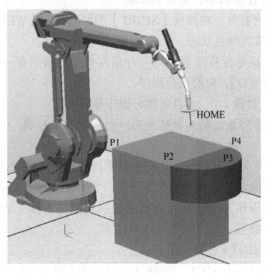

图4-26 移动示教作业图

该实例示教程序编写及注释如下：

程序	注释
1　J　P［1］50%　CNT100	机器人以关节运动"J"的方式运行到 P1 点位置并记录
2　L　P［2］8mm/sec　CNT100	机器人以直线运动"L"的方式运行到 P2 点位置并记录
3　C　P［3］	机器人以圆弧运动"C"的方式运行到 P3 点位置并记录
P［4］8mm/sec　CNT100	机器人以圆弧运动"C"的方式运行到 P4 点位置并记录
4　CALL　HOME	机器人回 HOME 原点
5　END	程序以"END"结束

第4节 机器人焊接示教

学习目标

1. 掌握机器人直线、圆弧的焊接编程示教方法。
2. 掌握摆动指令运用及摆动参数的设置方法。
3. 能进行直线、圆弧焊缝的焊接示教。
4. 能进行摆动焊接示教。

建议学时：4 学时

一、直线焊缝的示教

1）单条直线焊缝（无拐点）的示教方法如图 4-27 所示。

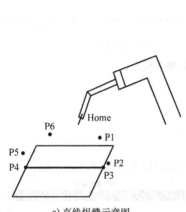

a) 直线焊缝示意图

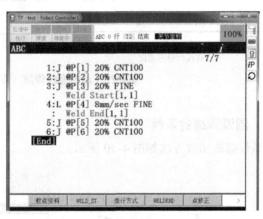

b) 编写的程序

图4-27 单条直线焊缝（无拐点）

注意，为了提高生产节拍，在实际生产过程中，如果安全点与起弧、熄弧点之间无障碍物影响机器人的运行轨迹，可以不用设定 P2 点和 P5 点，具体设定要根据工件实际情况进行判定。

2）单条直线焊缝（有拐点）的示教方法如图 4-28 所示。

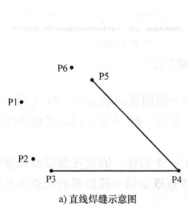

a) 直线焊缝示意图

b) 编写的程序

图4-28 单条直线焊缝（有拐点）

注意，中间点必须用 CNT 平滑过渡，否则用 LINE 会出现停顿现象。为了提高生产节拍，在实际生产过程中，如果安全点与起弧、熄弧点之间无障碍物影响机器人运行轨迹，可以不用设定 P2 点和 P6 点，具体设定要根据工件实际情况进行判定。

3）单条直线焊缝（焊接参数不同）的示教方法如图 4-29 所示。

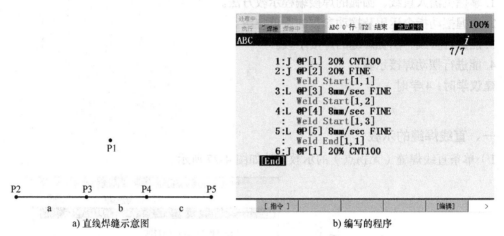

a) 直线焊缝示意图　　　　　　　　b) 编写的程序

图4-29　单条直线焊缝（焊接参数不同）

二、圆弧焊缝的示教

圆弧焊缝的示教方法如图 4-30 所示。

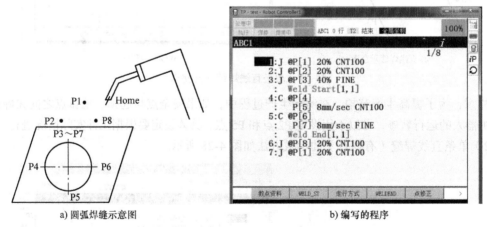

a) 圆弧焊缝示意图　　　　　　　　b) 编写的程序

图4-30　圆弧焊缝（焊接参数不同）

图中 P1 为安全点，P2 为起弧前的安全点，P3 为第一段圆弧的起弧点，P4 为第一段圆弧的中间点，P5 为第一段圆弧的末点也是第二段圆弧的起弧点，P6 为第二段圆弧的中间点，P7 为第二段圆弧的末点，P8 为安全点。

圆弧焊缝编程步骤见表 4-15。注意，由于三点确定一个圆弧，因此在编写圆弧程序时需要编写三个点即圆弧的起点、中间点和圆弧的末点。P5 点既是第一段圆弧的末点也是第二段圆弧的起点。因此第二段圆弧不用再定圆弧的起点。

表 4-15　圆弧焊缝编程步骤

步骤	图示
1. 记录安全点 P1	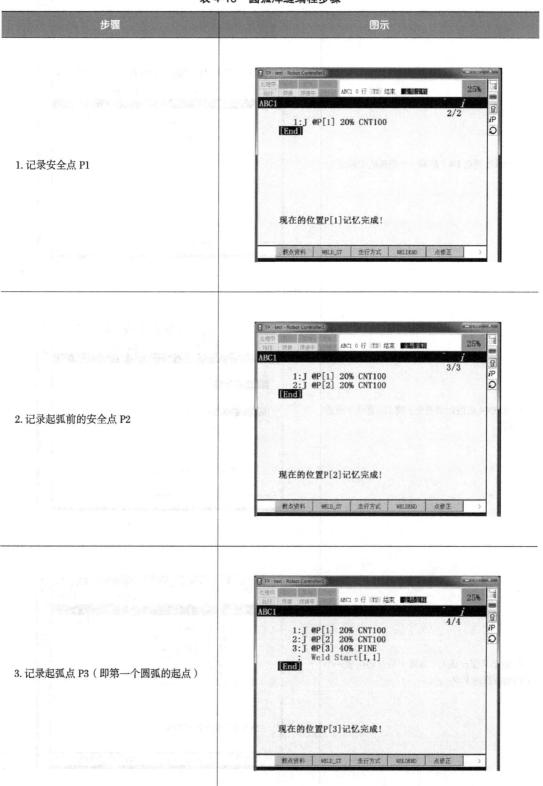
2. 记录起弧前的安全点 P2	
3. 记录起弧点 P3（即第一个圆弧的起点）	

（续）

步骤	图示
4. 记录中间点 P4（即第一个圆弧的中间点）	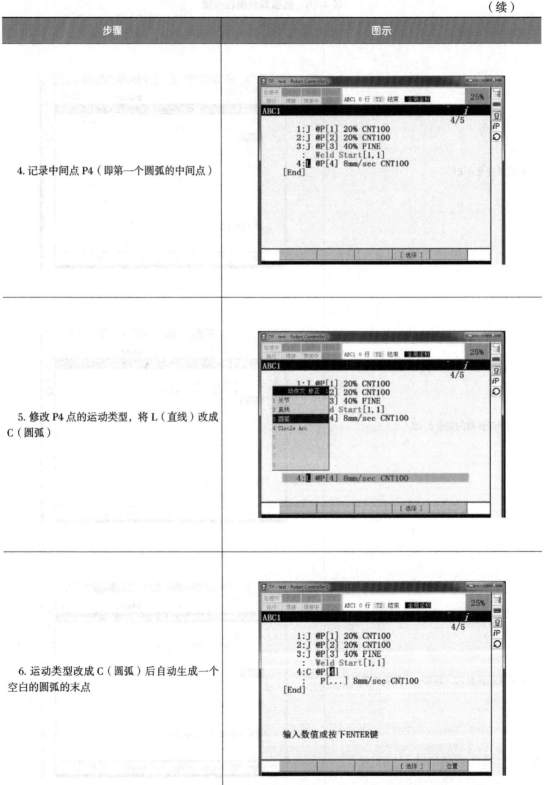
5. 修改 P4 点的运动类型，将 L（直线）改成 C（圆弧）	
6. 运动类型改成 C（圆弧）后自动生成一个空白的圆弧的末点	

（续）

步骤	图示
7. 将光标移动到 P* 所在的那一行最前面，当机器人走到指定的位置后按下【SHIFT+F5】记录	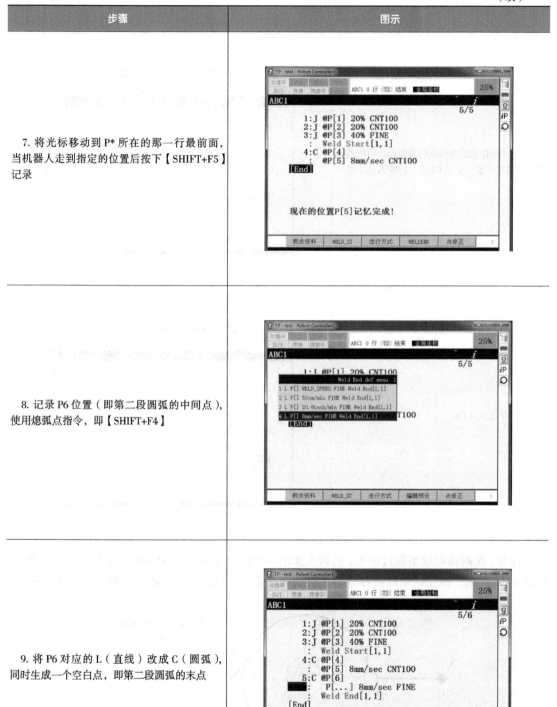
8. 记录 P6 位置（即第二段圆弧的中间点），使用熄弧点指令，即【SHIFT+F4】	
9. 将 P6 对应的 L（直线）改成 C（圆弧），同时生成一个空白点，即第二段圆弧的末点	

（续）

步骤	图示
10. 将光标移动到空白点的最前面，将机器人移动到指定位置，记录 P7 点，即圆弧的末点	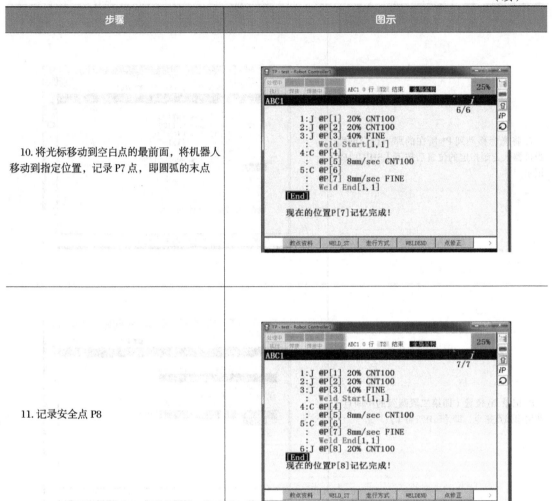
11. 记录安全点 P8	

注意，在圆弧焊缝编程过程中，机器人无法一次沿着中心角大于 180° 以上的圆弧做动作，如图 4-31 所示。因此一个圆最好分为 3 段圆弧或者更多圆弧，划分的圆弧越多，轨迹越精确。

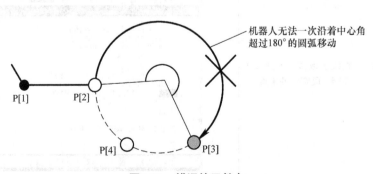

图4-31 错误的示教点

三、摆焊功能概述

摆焊功能是在弧焊时，焊枪面对焊接方向以特定角度周期性左右摇摆进行焊接，由此增大焊缝宽度，以提高焊接强度的一种方法。

1.摆焊模式

使用横摆指令时，必须指定摆焊模式。摆焊模式有多种，FANUC 机器人自带五种常用摆动模式，包括 SIN 型、SIN2 型（很少用）、圆型、8 字型和 L 型（很少用）。同时，机器人还配有用户自定义摆焊模式的功能，用户可以根据自己的焊接工艺要求设计摆焊模式。

2.摆焊指令

摆焊指令是使机器人执行摆焊的指令，即在执行摆焊开始指令、摆焊结束指令之间所示教的动作语句时，执行摆焊动作。摆焊程序示例如图 4-32 所示。

摆焊指令中存在以下种类的指令：

（1）摆动开始指令

1）Weave（模式）[i]（摆动（模式））指令。

2）Weave（模式）[Hz, mm, sec, sec] 指令。

（2）摆动结束指令

1）Weave End（摆动结束）指令。

2）Weave End [i]（摆动结束）指令。

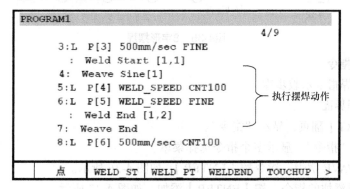

图4-32　摆焊程序示例

3.摆焊模式

摆焊开始指令可以指定如下摆焊模式：

（1）正弦形摆焊　弧焊中标准的摆焊模式，较常用，如图 4-33 所示。可以与电弧传感器、多层焊接功能组合使用。

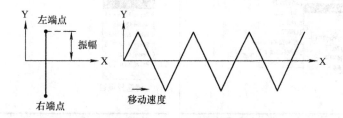

图4-33　正弦形摆焊

（2）圆形摆焊　一边描绘圆一边前进的摆焊模式，不常用，如图4-34所示。主要在搭接接头和具有较大的盖面的焊缝中使用。

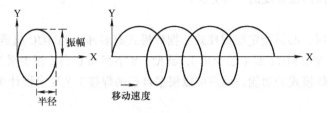

图4-34　圆形摆焊

（3）8字形摆焊　一边描绘8字一边前进的摆焊模式，不常用，如图4-35所示。主要用于实现厚板焊接和表面/外装精磨、提高强度等目的中使用。

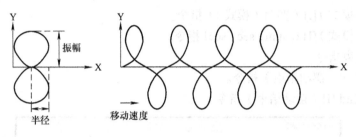

图4-35　8字形摆焊

4.添加摆焊指令

（1）添加摆焊指令示教步骤

1）进入编程界面。

2）按【NEXT】翻页，显示"指令"。

3）按【F1】"指令"，显示多个指令选择菜单。

4）选择"WAVE摆焊"指令按【ENTER】，如图4-36所示。

5）选择需要添加的指令，按【ENTER】添加，如图4-37所示。

6）在添加的指令上设定参数。

7）输入条件号1，按【ENTER】确认。

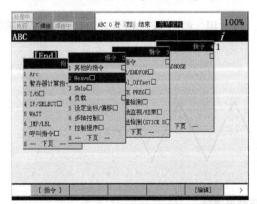

图4-36　摆焊指令菜单

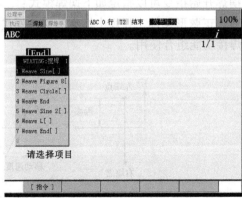

图4-37　摆焊指令选项

（2）设定摆焊条件的步骤

1）按【MENU】。

2）选择下一页，选择"3 数据"中的摆焊设定，如图4-38所示。

3）将光标移动到需要设定的摆焊条件上进行修改。

4）按【F2】"详细"，在相应的条目上修改详细参数。

```
数据 摆焊设定
                                          10/10
        摆焊设定:         1

        1 频率:              1.0        Hz
        2 振幅:              4.0        mm
        3 右侧停留:          .100       sec
        4 左侧停留:          .100       sec
        5 L 形角度:          90.0        deg
        6 仰角:              0          deg
        7 方位角:            0          deg
        8 中心上升:          0.0        mm
        9 半径:              0.0        mm
        10 机器人组掩码:     [*,*,*,*,*,*,*,*]

    [ 类型 ]     设定                        帮助    >
```

图4-38　摆焊设定

① 方位角是指定在摆焊平面上摆焊的倾斜度（单位 deg）。该值为正时，左端点向着行进方向倾斜，为负时，右端点向着行进方向倾斜。

② 通过将方位角设置为90deg或者 -90deg，就可以向着行进方向（与行进方向平行的方向）执行摆焊动作。

（3）直接输入摆焊数值步骤

1）从第6步按【F3】"数值"，选择"直接输入参数"，如图4-39所示。

2）直接输入频率、摆幅、左右停留时间等参数。

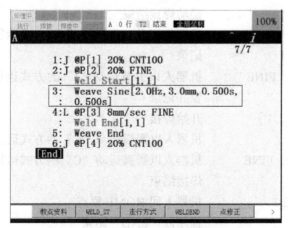

图4-39　直接输入摆焊参数

四、焊接示教实例

示教图 4-40 所示的焊缝，要求 P2 到 P3 的直线段加入摆动焊接，圆弧部分 P5-P3-P6 的焊段不需要加入摆动焊接，焊接参数、摆动参数根据实际情况设定。

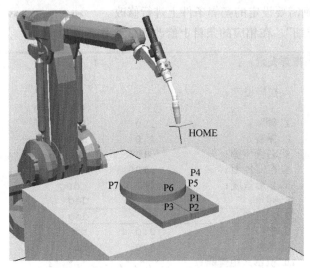

图4-40　焊接示教作业图

该实例的焊接示教程序编写及注释如下：

程序	注释
1　J　P［1］50%　CNT100	机器人以关节运动"J"的方式运行到 P1 安全点位置并记录
2　J　P［2］50%　FINE	机器人以关节运动"J"的方式运行到 P2 焊接开始点位置并记录
Weld　Start［1，1］	开始焊接
3　Weave Sine［1］	加入摆动焊接
4　L　P［3］8mm/sec　FINE	机器人以直线运动"L"的方式运行到 P3 点位置并记录
Weld　End［1，1］	焊接结束
5　Weave End［1］	摆动焊接结束
6　J　P［4］50%　CNT100	机器人以关节运动"J"的方式运行到 P4 安全点位置并记录
7　J　P［5］50%　FINE	机器人以关节运动"J"的方式运行到 P5 焊接开始点位置并记录
Weld　Start［1，1］	开始焊接
8　C　P［6］	机器人以圆弧运动"C"的方式运行到 P6 点位置并记录
P［7］8mm/sec　FINE	机器人以圆弧运动"C"的方式运行到 P7 点位置并记录
Weld　End［1，1］	焊接结束
9　CALL　HOME	机器人回 HOME 原点
10　END	程序以"END"结束

练习与思考

1. 简述程序创建的基本步骤。

2. 关节运动"J"与直线运动"L"有什么区别？分别用于什么场合？

3. 如何修改示教点？

4. 当一个工件中有两组或多组不同的焊接参数时，如何设置？

5. 写出设置焊接参数的具体步骤。

第5章
CHAPTER 5

▶机器人弧焊系统配置

第1节 机器人信号配置

学习目标

1. 认识常用的 ABB 标准 I/O 板。
2. 了解数字输入、输出信号的相关参数。
3. 能够在系统中将数字输入、输出信号进行配置。

建议学时：2 学时

一、常用ABB标准I/O板的说明

常用 ABB 标准 I/O 板见表 5-1（具体规格参数以 ABB 官方最新公布为准）。

表 5-1 标准 I/O 板

型号	说明
DSQC651	分布式 I/O 模块 di8/do8/ao2
DSQC652	分布式 I/O 模块 di16/do16
DSQC653	分布式 I/O 模块 di8/do8 带继电器
DSQC355A	分布式 I/O 模块 ai4/ao4
DSQC377A	输送链跟踪单元

图5-1 DSQC651板

1—数字输出信号指示灯
2—X1 数字输出接口
3—X6 模拟输出接口
4—X5 DeviceNet 接口
5—模块状态指示灯
6—X3 数字输入接口
7—数字输入信号指示灯

二、ABB标准I/O板DSQC651

DSQC651 板主要提供 8 个数字输入信号、8 个数字输出信号和两个模拟输出信号的处理。

1. 模块接口说明

DSQC651 板接口如图 5-1 所示。

2. 模块接口连接说明

1）X1 数字输出接口说明见表 5-2。

表 5-2　X1 数字输出接口

X1 数字输出接口编号	使用定义	地址分配
1	OUTPUT CH1	32
2	OUTPUT CH2	33
3	OUTPUT CH3	34
4	OUTPUT CH4	35
5	OUTPUT CH5	36
6	OUTPUT CH6	37
7	OUTPUT CH7	38
8	OUTPUT CH8	39
9	0V	
10	24V	

2）X3 数字输入接口说明见表 5-3。

表 5-3　X3 数字输入接口

X3 数字输入接口编号	使用定义	地址分配
1	INPUT CH1	0
2	INPUT CH2	1
3	INPUT CH3	2
4	INPUT CH4	3
5	INPUT CH5	4
6	INPUT CH6	5
7	INPUT CH7	6
8	INPUT CH8	7
9	0V	
10	未使用	

3）X5 DeviceNet 接口说明见表 5-4。

表 5-4　X5 DeviceNet 接口

X5 DeviceNet 接口编号	使用定义
1	0V BLACK
2	CAN 信号线 low BLUE
3	屏蔽线
4	CAN 信号线 high WHITE
5	24V RED
6	GND 地址选择公共端
7	模块 ID bit 0（LSB）
8	模块 ID bit 1（LSB）
9	模块 ID bit 2（LSB）
10	模块 ID bit 3（LSB）

注：BLACK 黑色，BLUE 蓝色，WHITE 白色，RED 红色，Low 低，high 高。

4）X6 模拟输出接口见表 5-5。

表 5-5　X6 模拟输出接口

X3 模拟输出接口编号	使用定义	地址分配
1	未使用	
2	未使用	
3	未使用	
4	0V	
5	模拟输出 ao1	0~15
6	模拟输出 ao1	16~31

三、数字输入、输出信号相关参数

在没有确定数字输入、输出信号的具体名称和用途的时候，使用阿拉伯数字对该信号进行配置，数字输入、输出信号相关参数的配置，见表 5-6 和表 5-7。

表 5-6　数字输入信号相关参数的配置

序号	参数名称	设定值	说明
1	Name	di	设定数字输入信号的名字
2	Type of Singnal	Digital Input	设定信号的类型
3	Assigned to Unit	board10	设定信号所在的 I/O 模块
4	Unit Mapping	0	设定信号所占用的地址

表 5-7　数字输出信号相关参数的配置

序号	参数名称	设定值	说明
1	Name	do	设定数字输出信号的名字
2	Type of Singnal	Digital Output	设定信号的类型
3	Assigned to Unit	board10	设定信号所在的 I/O 模块
4	Unit Mapping	32	设定信号所占用的地址

四、设定数字输入、输出信号

设定数字输入、输出信号的步骤及方法见表5-8和表5-9。

表5-8 设定数字输入信号

图示	方法
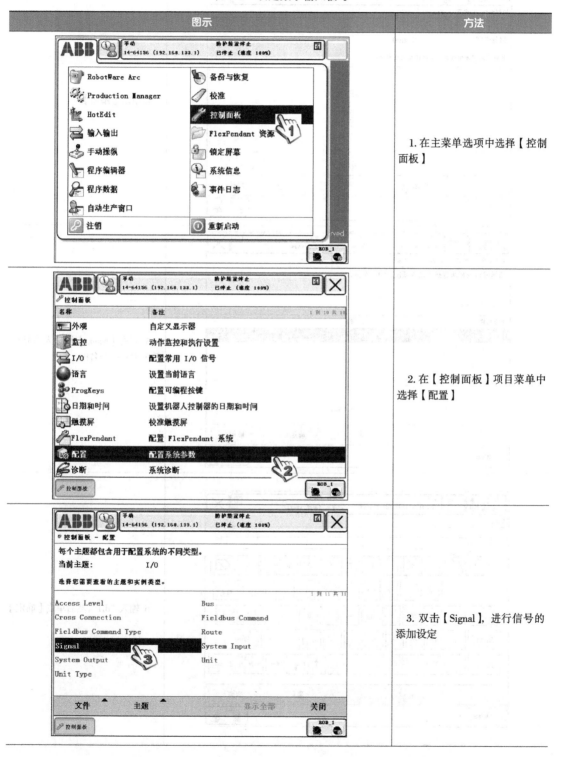	1. 在主菜单选项中选择【控制面板】
	2. 在【控制面板】项目菜单中选择【配置】
	3. 双击【Signal】，进行信号的添加设定

（续）

图示	方法
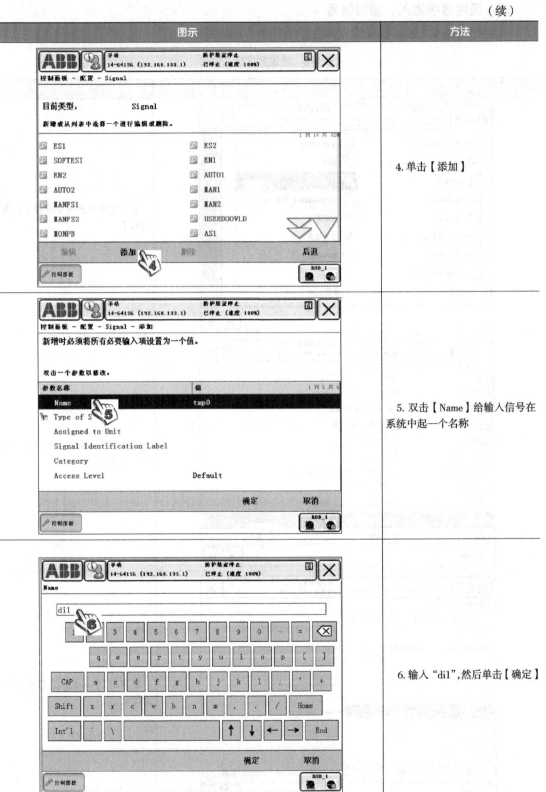	4. 单击【添加】
	5. 双击【Name】给输入信号在系统中起一个名称
	6. 输入 "di1"，然后单击【确定】

（续）

图示	方法
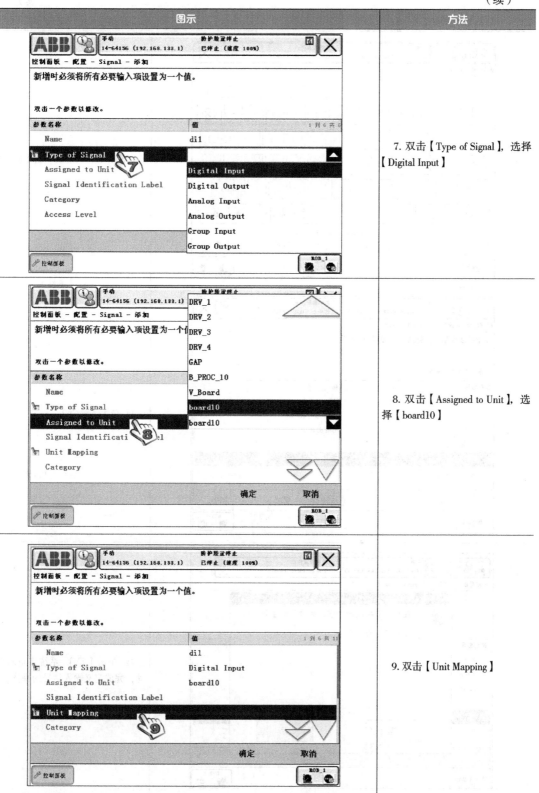	7. 双击【Type of Signal】，选择【Digital Input】
	8. 双击【Assigned to Unit】，选择【board10】
	9. 双击【Unit Mapping】

（续）

图示	方法
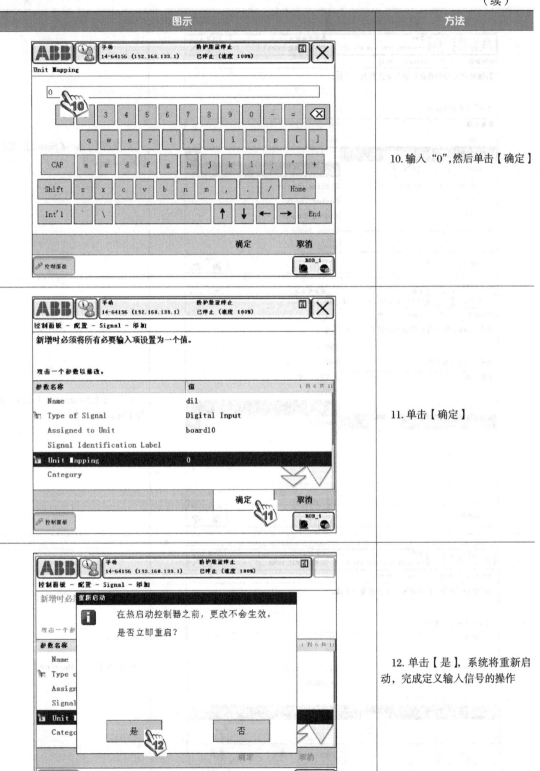	10. 输入 "0", 然后单击【确定】
	11. 单击【确定】
	12. 单击【是】, 系统将重新启动, 完成定义输入信号的操作

表 5-9　设定数字输出信号

图示	方法
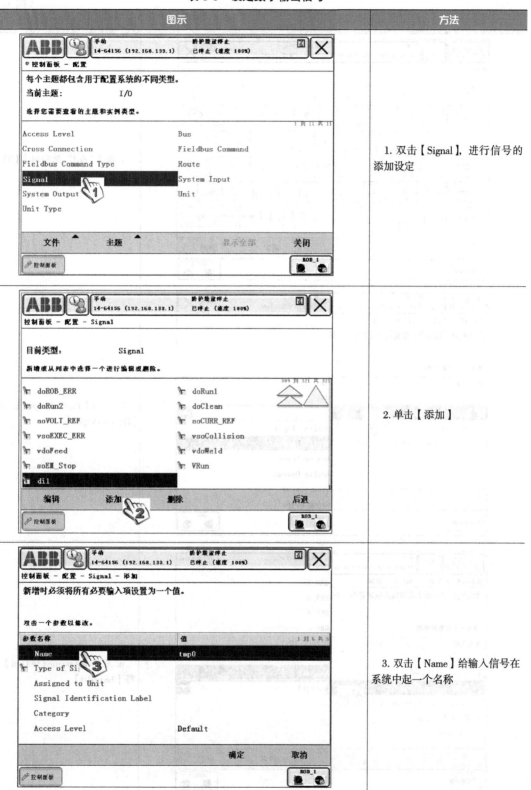	1. 双击【Signal】，进行信号的添加设定 2. 单击【添加】 3. 双击【Name】给输入信号在系统中起一个名称

（续）

图示	方法
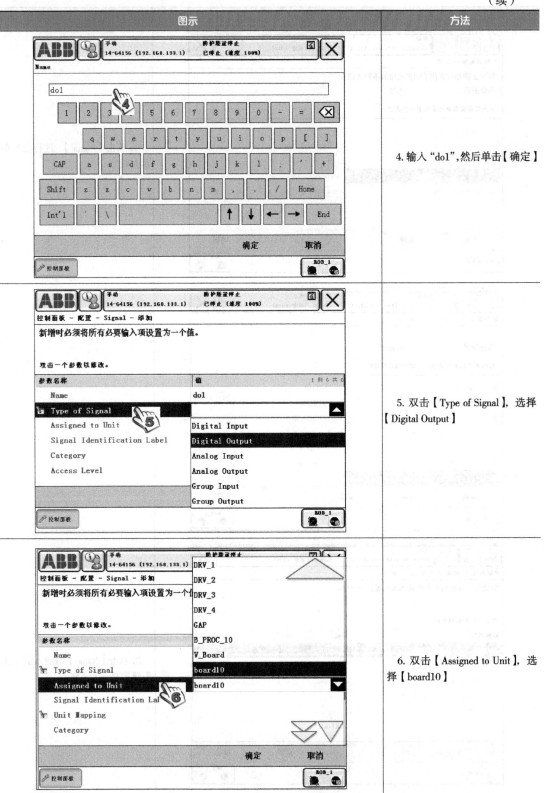	4. 输入"do1"，然后单击【确定】
	5. 双击【Type of Signal】，选择【Digital Output】
	6. 双击【Assigned to Unit】，选择【board10】

（续）

图示	方法
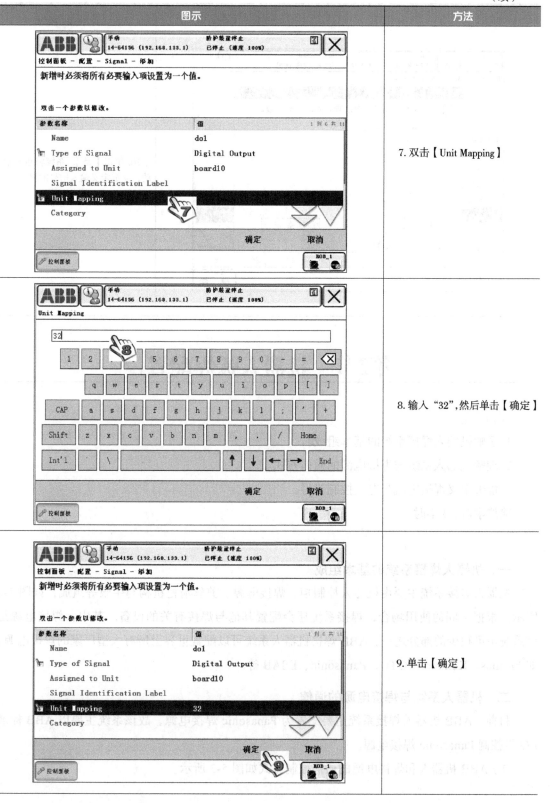	7. 双击【Unit Mapping】
	8. 输入"32",然后单击【确定】
	9. 单击【确定】

（续）

图示	方法
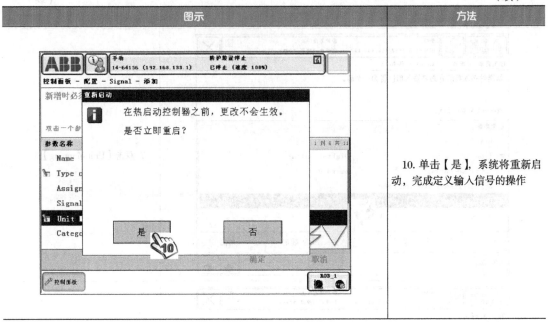	10. 单击【是】，系统将重新启动，完成定义输入信号的操作

第2节　机器人弧焊配置

学习目标

1. 了解机器人焊接系统的基本组成。

2. 理解机器人系统与焊接电源的通信方式。

3. 能够定义焊接电流与电压控制信号。

建议学时：4学时

一、机器人焊接系统的基本组成

机器人焊接系统主要由机器人控制柜、焊接电源、剪丝清枪机构与牛眼等组成，如图5-2所示。根据不同的使用场合，焊接系统还会配置其他与焊接有关的设备。其中，焊接电源是该系统不可缺少的部分之一，ABB焊接机器人系统可以配置世界上所有大型厂家的焊接电源，如Fronius、Kemmpi、OTC、Panasonic、ESAB等。

二、机器人系统与焊接电源的通信

目前，ABB机器人焊接系统主要配置为Panasonic焊接电源，故该系统主要以ABB标准I/O板控制Panasonic焊接电源。

1）ABB机器人和焊接电源的通信控制方式如图5-3所示。

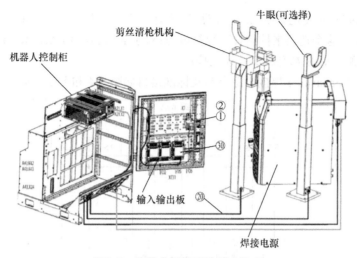

图5-2 机器人焊接系统基本组成

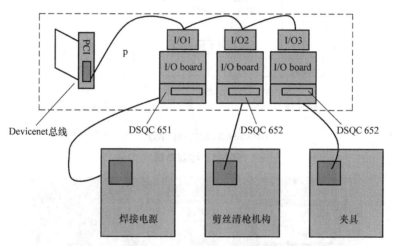

图5-3 ABB机器人和焊接电源的通信控制方式

2）ABB 机器人通常通过模拟量 A0 和数字量 10 来控制焊接电源，一般选择 DSQC651 板（8 输出，8 输入，2 模拟量输出），具体通信信号说明见表 5-10。

表 5-10 通信信号说明

信号	地址	应用
AoWeldingCurrent（Ao）	0~15	控制焊接电流或者送丝速度
AoWeldingVoltage（Ao）	16~31	控制焊接电源
doWeldOn（数字输出）	32	起弧控制
doGasOn（数字输出）	33	送气控制
doFeed（数字输出）	34	点动送丝控制
diArcEst（数字输入）	0	起弧建立信号（焊机通知机器人）

对于 Panasonic 焊接电源，ABB 机器人没有开发专用的接口软件，因此必须选择 Standard IO Welder 这个选项来控制日系焊接电源；对于 Fronius、ESAB、Kemppi（正在开发）、Miller 等焊接电源，ABB 都有相应的标准接口。

3）ABB 控制 Panasonic 焊接电源电路及标准接口如图 5-4 和图 5-5 所示。

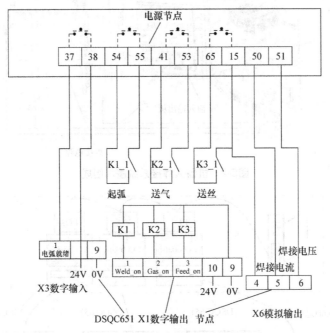

图5-4 控制电路

图5-5 标准接口

注意，38号节点只能接24V（高电平）；37号节点接到ABB输入、输出板的输入端子。不能反向，否则容易造成损坏。

三、ABB机器人弧焊系统配置的步骤

ABB弧焊系统的基本配置包括定义焊机的输入、输出控制信号，并将这些信号配置到系统中。具体步骤如下：

1）定义焊机输入、输出板步骤见表5-11。

表 5-11 定义焊机输入、输出板步骤

步骤	图示
1. 单击【ABB】进入系统主菜单	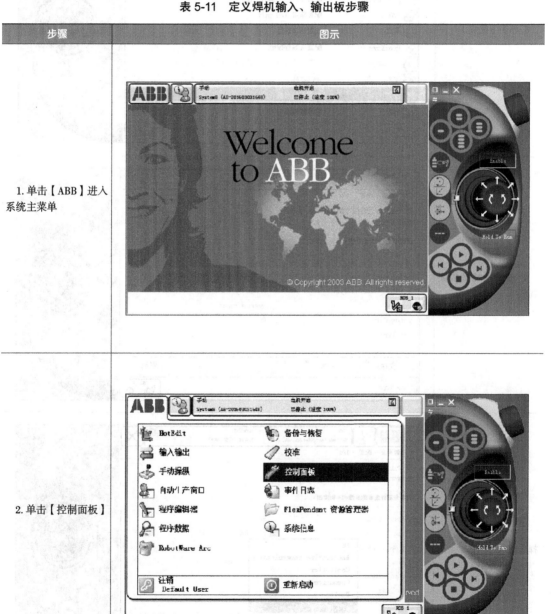
2. 单击【控制面板】	

（续）

步骤	图示
3. 单击【配置】	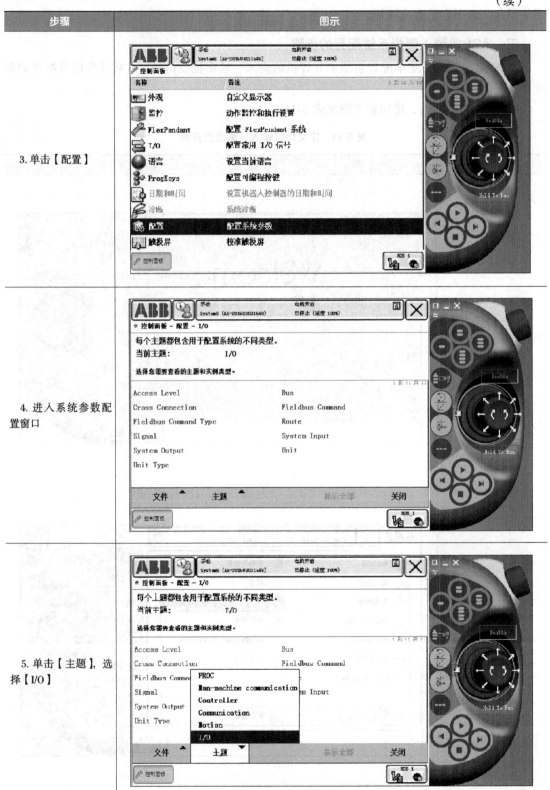
4. 进入系统参数配置窗口	
5. 单击【主题】，选择【I/O】	

（续）

步骤	图示
6. 单击【Unit】添加信号板，ABB 出厂时已经有标准定义，可以删除后再进行添加	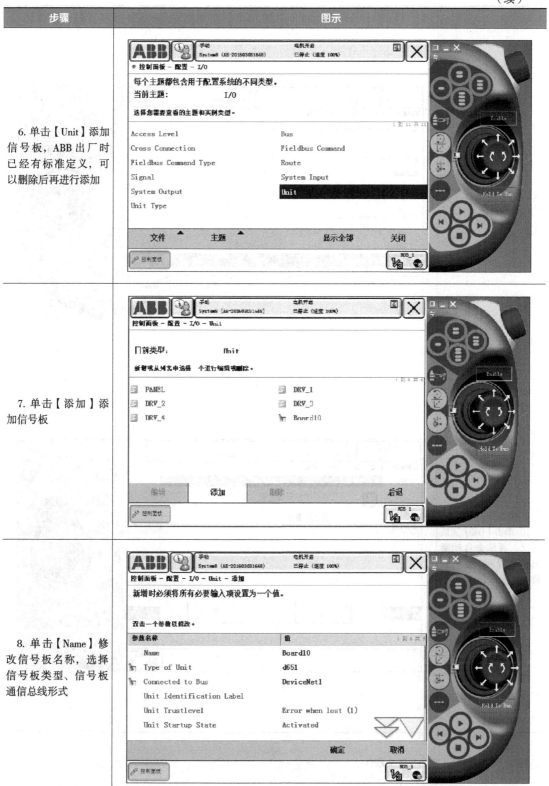
7. 单击【添加】添加信号板	
8. 单击【Name】修改信号板名称，选择信号板类型、信号板通信总线形式	

（续）

步骤	图示
9. 根据实际情况修改信号板地址，出厂时默认设置地址从"10"开始	
10. 单击【OK】完成定义，系统会自动跳出重启提示，重启后修改生效	

至此，焊机的输入、输出板定义完毕

2）定义数字的输入、输出信号步骤见表 5-12（步骤 1~5 与表 5-11 相同）。

表 5-12 定义数字的输入、输出信号步骤

步骤	图示
6. 单击【Signal】进行信号添加	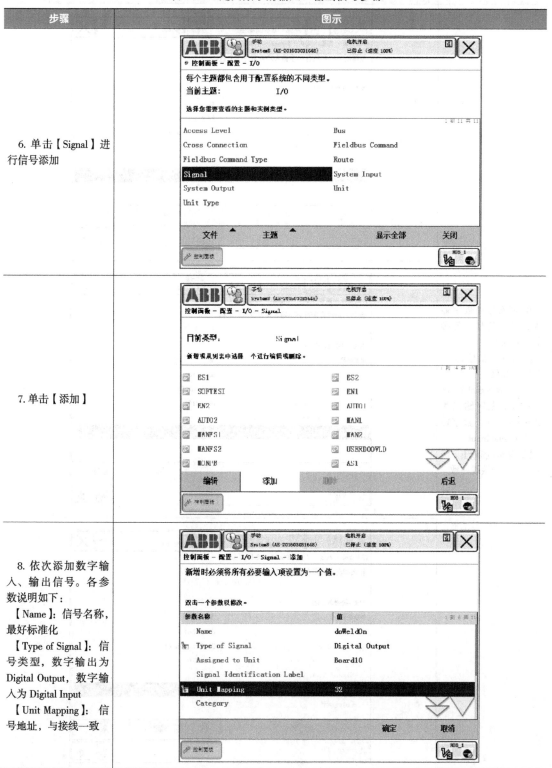
7. 单击【添加】	
8. 依次添加数字输入、输出信号。各参数说明如下： 【Name】：信号名称，最好标准化 【Type of Signal】：信号类型，数字输出为 Digital Output，数字输入为 Digital Input 【Unit Mapping】：信号地址，与接线一致	

（续）

步骤	图示

8. 依次添加数字输入、输出信号。各参数说明如下： 【Name】：信号名称，最好标准化 【Type of Signal】：信号类型，数字输出为Digital Output，数字输入为Digital Input 【Unit Mapping】：信号地址，与接线一致	

（续）

步骤	图示
9. 设定完成后，选择【是】，系统进行重启，让配置生效	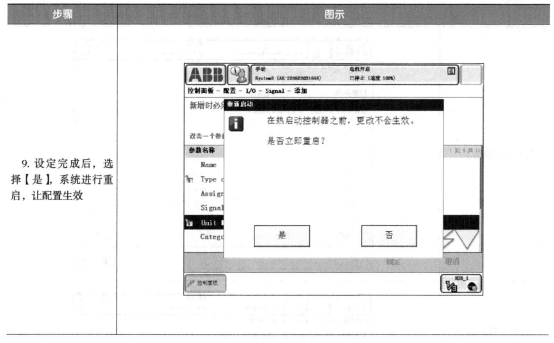

至此，数字的输入、输出信号定义完毕

3）定义模拟量输出信号（以 Panasonic YD-350GR3 焊接电源为例）步骤见表5-13（步骤 1~5 与表 5-11 相同）。

表 5-13　定义模拟量输出信号步骤

步骤	图示
6. 单击【Signal】进行信号添加	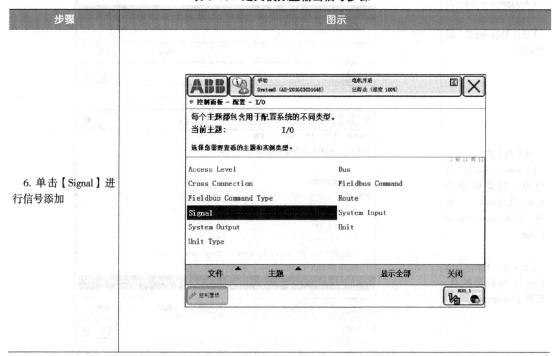

（续）

步骤	图示
7. 单击【添加】	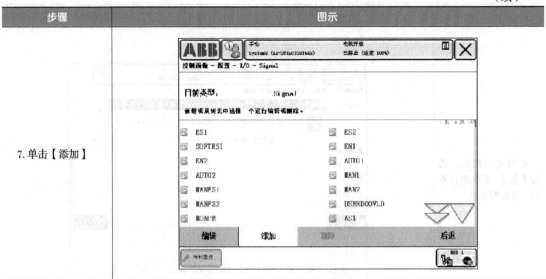
8. 添加模拟量（电流）信号。各参数说明如下： 第1组参数： 【Name】：信号名称 【Type of Signal】：信号类型 【Assigned to Unit】：信号所在板名称 【Unit Mapping】：信号地址	
第2组参数： 【Default Value】：预设值，将值设置为30A，此值必须大于或等于 Minimum logical Value 【Analog Encoding Type】：编码器种类，选择【Unsigned】	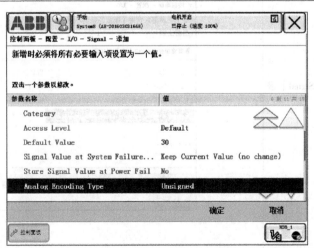

（续）

步骤	图示
第3组参数： 【Maximum Logical Value】：焊接电源最大输出电流，设置为350A 【Maximum Physical Value】：最大电流输出时，I/O板输出电压； 【Maximum Physical Value Limit】：I/O板最大输出电压 【Maximum Bit Value】：最大逻辑位值，16bit	
第4组参数： 【Minimum Logical Value】：焊机最小输出电流30A 【Minimum Physical Value】：最小电流输出时，I/O板输出电压 【Minimum Physical Value Limit】：I/O板最小输出电压； 【Minimum Bit Value】：最小逻辑位值	
9. 添加模拟量（电压）信号。各参数说明如下： 第1组参数： 【Name】：信号名称 【Type of Signal】：信号类型 【Assigned to Unit】：信号所在板名称 【Unit Mapping】：信号地址	

（续）

步骤	图示
第 2 组参数： 【Default Value】：预设值，将值设置为 12V，此值必须大于或等于 Minimum logical Value 【Analog Encoding Type】：编码器种类，选择【Unsigned】	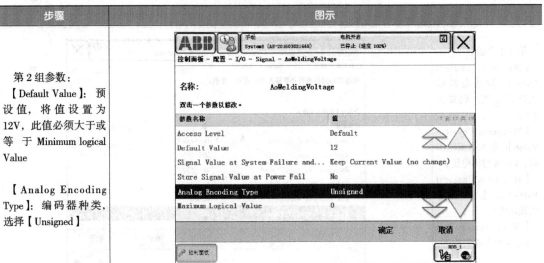
第 3 组参数： 【Maximum Logical Value】：焊接电源最大输出电压，设置为 40.2V 【Maximum Physical Value】：最大电压输出时，I/O 板输出电压 【Maximum Physical Value Limit】：I/O 板最大输出电压 【Maximum Bit Value】：最大逻辑位值，16bit	
10. 设定完成后，选择【是】，系统进行重启，让配置生效	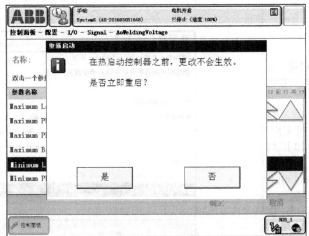

至此，定义电流、电压模拟量输出信号完毕

4）配置焊接设备。ABB 机器人通过 Arcware 来控制焊接的整个过程，它包括：

① 在焊接过程中实时监控，检测焊接是否正常。

② 当错误发生时，Arcware 会自动将错误代码和处理方式显示在机器人示教器上。

③ 用户只需要对焊接系统进行基本的配置即可以完成对焊接的控制。

④ 焊接系统高级功能，包括激光跟踪系统的控制和电弧跟踪系统的控制。

⑤ 其他功能，包括生产管理、清枪控制、接触传感控制等。

配置焊接设备的步骤及方法见表 5-14。

表 5-14 配置焊接设备的步骤及方法

步骤	图示
1. 单击【ABB】进入系统主菜单	
2. 单击【控制面板】	

（续）

步骤	图示
3. 单击【配置】	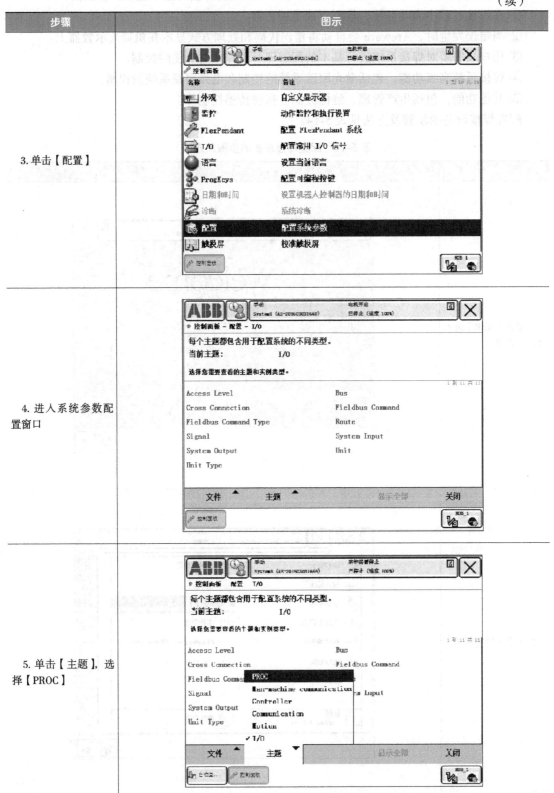
4. 进入系统参数配置窗口	
5. 单击【主题】，选择【PROC】	

（续）

步骤	图示
6.进入过程控制菜单，可以根据需要进入相应的菜单进行焊接参数设置	

5）焊接参数设置举例见表 5-15。

表 5-15　焊接参数设置举例

步骤	图示
1.单击【Arc Equipment Digital Inputs】： 【diArcEst】：定义电弧检测信号。此参数必须定义 【WaterOk】：定义冷却水压检测信号 【GasOk】：定义保护气体检测信号	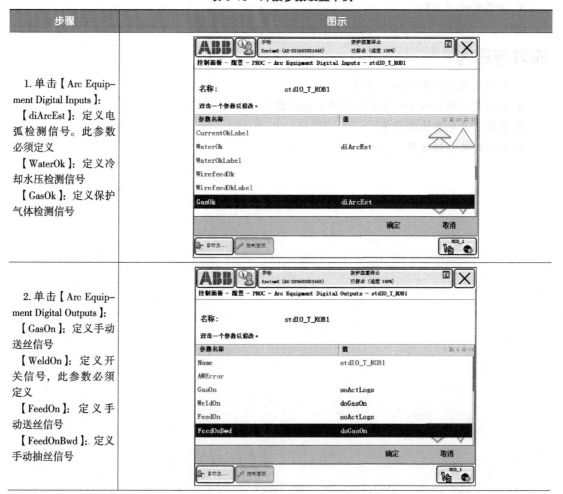
2.单击【Arc Equipment Digital Outputs】： 【GasOn】：定义手动送丝信号 【WeldOn】：定义开关信号，此参数必须定义 【FeedOn】：定义手动送丝信号 【FeedOnBwd】：定义手动抽丝信号	

（续）

步骤	图示
3.单击【Arc Equipment Analogue Outputs】： 【VoltReference】：电压设定信号 【CurrentReference】：电流设定信号	

至此，焊接相关设置完毕

练习与思考

1.如何定义模拟输出 ao1 信号？

2.如何定义组输入 gi1 信号与组输出 go1 信号？

3.如何定义电弧检测信号？

4.如何定义手动送丝信号？

参 考 文 献

[1] 林尚杨，陈善本，李成桐 . 焊接机器人及其应用 [M]. 北京：机械工业出版社，2000.

[2] 叶晖，等 . 工业机器人实操与应用技巧 [M]. 2 版 . 北京：机械工业出版社，2017.

参考文献

[1] 王幼鹏，陈文元. 工业机器人技术及应用[M]. 北京：机械工业出版社，2000.

[2] 叶晖. 工业机器人实操与应用技巧[M]. 2版. 北京：机械工业出版社，2017.